水獺與朋友們記得的事（上）

池边金勝

金勝用藝術，深切表達出語言文字無法詮釋的、對野生動物的情感。透過他細膩可愛的畫風，人類和動物有了美麗和美好的相遇。用畫筆做保育，喚醒人們的同理心，這是金勝的畫家志業，令人敬佩感佩。

——白心儀　東森電視台製作人／主持人

金勝是長期關心國內野生動物議題的創作者與畫家，他也持續用實際行動支持野生動物救傷單位，這本書記錄了近四十年來臺灣野生動物遭遇歷史。每次欣賞金勝的畫作，「野生動物如嬰兒般徜徉在母親懷抱之中」的影像，溫暖祥和，悠遊自在，以及個個充滿希望。因此，更提醒自己守護好屬於個人的慈悲心與熱忱，關心野生動物每個人都不能缺席。

——詹芳澤　特生中心「野生動物急救站」研究員／獸醫

以美麗的筆觸，金勝不只帶著我們更細緻的去欣賞與領略動物的美麗，也讓我們有機會循著水獺與朋友們記憶的軌跡，去了解美麗之島上的動物們曾有過的經歷。而這樣的了解，雖然無法讓我們喚回已經滅絕的台灣雲豹，但或許可以帶著我們更懂得珍惜與更努力去守護住，這些美麗動物們的未來。

——劉偉蘋　挺挺網絡社會企業執行長

儘管現實中野生動物的處境令人沮喪，金勝仍用畫筆為動物們建構了圓滿的世界，療癒他們憂傷的生命，也為我們講述這些不該被遺忘的過往。

——阿鏘「阿鏘的動物日常」

我們與世界上的野生動物看似遙遠，但隨著人類社會的發展，我們與生物的互動和理解，也逐漸地更新、演變。台灣人的歷史、文化和大自然，彼此交織成一段時而哀戚、時而動人的故事。這本圖文書不只帶著我們認識世界上的各種野生動物，更娓娓道來我們從古至今是如何因愛而誤傷了或是守護了野生動物。相信透過金勝筆下的小動物，以及他所陳述的故事，你我都能更加了解，何謂真正的愛。

——玉子「玉子日記」／動物圖文作家

作者序

觸動愛與關懷的路

池边金勝

首先要向各位讀者解惑說明的是，我並不是日本人，是土生土長的台灣人，池边金勝這個筆名因為容易讓人有此聯想，所以先在此釋疑。

這個筆名最一開始是用於個人臉書的暱稱，正式用在藝術創作是二〇一三年，並且在同年創立粉專「金品繪 AuspiciousDraw」，當時主要是用於網路發表作品和創作理念。最初的作品是從「八吉祥」的手繪唐卡創作開始，因為是創作唐卡這種帶有佛教意涵作品的關係，所以我覺得必須讓唐卡仍保有它本來的象徵語言，而且「八吉祥」的型制本身不是我自創，我只能算是以學習的態度去完成，更加不能讓這類作品變成帶有作者主觀的詮釋，所以當時創立的粉專才會是「金品繪」而非「池边金勝」。

起初會以「八吉祥」作為我重回創作這條路的開端，是我個人心底對這世界的一份祝福，也是對我自己往後作品的期許。在發表一系列八吉祥唐卡作品的期間，我也開始著手創作自己相當喜愛的多肉植物；或許是那種狀似蓮花又像是奇幻世界裡的植物姿態深深吸引了我，所以決定進行以「景天科」植物為主題的〈景天堂〉系列創作。

從唐卡再到以多肉植物為主題的〈景天堂〉系列，這兩種題材與形式截然不同的作品，就成為了我當初離開職場後重拾畫筆，再度回到藝術領域的人生新履歷。

雖然當年我清楚的知道，這兩種冷門的題材不太可能成為我個人在藝術發展這條路上的敲門磚，一方面是題材並非主流，二來要經營新的觀賞群眾需要時間與機緣的醞釀，算是一種沒有前人鋪路，又沒有大環境輔助支持的情形。但是因為藝術創作的本質就是藝術家個人心緒和意識的轉換，如果不能將自己所熱愛所信仰之物發揮，那這樣的創作本身就隱藏著欺騙與討好，說服不了自己更別說端到別人面前。所以也就這樣堅定的走下去，邊走邊學，冷暖自知，雖然不容易卻也認真地累積了一些作品，獲得了一些喜愛唐卡藝術，以及多肉植物愛好者的關注。

隨後，二〇一四年發生了苗栗三義外環道開發案恐會影響石虎棲地，以及金門的兩隻小歐亞水獺因為工程整地時破壞了他們的巢穴，只能轉送到台北市立動物園收容（也就是後來的「大金」、「小金」），這兩起新聞事件不僅引起了喜愛動物的我注意，更讓我驚覺自己長久以來對台灣生態的陌生，因為在此之前，我從不知道台灣存在著石虎、歐亞水獺或是東方草鴞這些珍奇的野生動物，等到發現時卻都已經是瀕臨絕種了。

這樣的衝擊使我自覺，生長在台灣卻對台灣生態缺乏更深的了解，也激起了我對野生動物的關懷，急迫的想要做點什麼。於是二〇一四年便開始野生動物與多肉植物的水彩創作，並發表〈護生〉系列作品，同時積極籌備畫展，希望將這份關懷化為一種讚頌、分享與彌補，讓台灣的野生動物能透過藝術之窗被看見。

也從那時候起，我更加確立要將「多肉植物」的題材，轉化成屬於我的作品裡全新的象徵語言——「慈愛」。由於國內外創作野生動物相關作品的藝術家相當多，因此我希望我能夠再創造另一條，觸動愛與關懷的路。我的創作理念，除了希望藉由藝術的形式，提升野生動物在人們心中的層級，讓野生動物透過心靈的感受被人看見，更希望人們因為喜悅和感動，而讓心中愛護生命與環境的種子萌芽。所以我作品中的那些「多肉植物」，就代表著人們對野生動物及環境的關愛，當這樣的力量成為實體，野生動物就能安心的生存在這個世界，當人為自己以外的生命多留一份心，多一些體貼，最後這樣的世界也必能讓人感到安穩祥和。

台灣的藝術環境裡，創作野生動物題材並非主流，更別說還有很多人不熟悉的多肉植物，但我發現我一定是很喜歡畫圖，很喜歡那些我筆下的野生動物和多肉植物，才堅持了一段不長不短的歲月，除了越來越堅定自己的步伐，也開始不斷的有新的想法想要嘗試，這當中包含著好奇以及對自我突破的期待。雖然創作過程的苦思與執行都是孤獨的，卻因為不忍那些還未問世的作品構思就這樣遺留在自己腦海裡，所以總是逼著自己要再多做一點什麼，讓更多人親近藝術，親近自然，並將我自己從中感受到的愉悅也能讓他人感受到。

就這樣，我又開始了繪本風格的插畫創作，並在二〇一六年正式發表了〈金金祕林〉的系列作品，二〇一七年將這些作品匯集成「公益桌曆」進行義賣，從那時開始之後的每一年都固定以「一年一故事」的方式製作繪本風格的公益桌曆，並將售價的部分比例捐款給南投的特生中心

「野生動物急救站」，除了希望以繪本的溫暖吸引大眾認識和熟悉野生動物，連接起人與自然環境的關係，也希望藉此，為關心野生動物的群眾創造一處著力點，能去替野生動物保育共同出一份力。

這樣的創作進程，似乎也反映出自己認為身為藝術家應該具備的特質與擔當，我堅信藝術本就是該為世界服務，藝術家本就有著成為時代的語言並引領社會走向進步的責任，不論你是要追求靈性、評判時事或是人道關懷，這都是藝術存在人類文明中無與倫比的重要角色。

雖然自覺在這條路上可能還是渺小的稀有動物，但是在這堅持信念和追尋的過程中，難能可貴的是，不僅結識了很多相同理念的朋友和企業家，也獲得了很多人協助與提點，更榮幸受到「時報出版」的文化線主編謝鑫佑邀請，所以今日才能夠將我的圖、文創作轉換到書本，成為另一種藝術形式。

我自認為本身沒有寫作的才華，但為了自己熱愛的藝術和野生動物，還是努力寫了，希望能將我從這塊土地感受到的美麗、哀愁與希望傳遞給各位讀者，也感謝願意翻閱或收藏此書的你。

水獺與朋友們記得的事（上）

水獺與朋友們記得的事（下）

森林來的噪音——長臂猿

被擄走後離鄉背井的故事成千上萬，我是當中比較幸運的那一個，新的家人對我疼愛如親，直到有一天，他們的年老讓我們必須分離。再次離家的我痛苦惆悵，儘管新家豪華有美食有玩具，但我不思飲食只想回去和家人團聚。

突然有一天小白鴨出現，讓我懷疑他是不是也被遺棄？那讓我來照顧你，我們相依為命。

異鄉猿

「阿祿」是一隻白手長臂猿，一九八〇年代因野生動物飼養潮而輾轉被販運到了台灣，後來飼主年事已高無力照養，因為擔心阿祿的晚年生活，便請託「屏科大保育類野生動物收容中心」收養。

只是，換了新家又與原飼主分離的阿祿極度適應不良，毫無食慾瘦到將近原本體重的一半，於是中心突發奇想帶了一隻小鴨到阿祿的籠舍與他作伴，阿祿從此有了心靈寄託，開始與小鴨形影不離，甚至會與小鴨一起進食，逐漸適應了新生活。

一九八〇年（民國六九年）

第一章

森林來的噪音——長臂猿

奔放的吼音，節奏由慢而快，由低聲逐漸轉高，那是長臂猿獨有的曲調，同伴多時會成為此起彼落的盛大合唱，這是叢林裡家族之間聯繫情感的日常。

本該像是歡慶同樂的鳴唱，誰料卻在人類居住的環境裡，成為了沒有回應的孤獨吼聲，也讓不了解的人聽著膽顫，更在鄰里間被當作一種不明所以的神祕噪音。

一九八〇年代，台灣的政治經濟發展趨於穩定，在國際上宛如一個剛站起身的小巨人，除了讓「台灣製造」開始揚名世界，也逐漸連接起其他國家的經濟活動，台灣人的消費能力不僅活絡了本土的食、衣、住、行、育、樂，也開始向其他國家展現自己的經濟奇蹟。於是各國的名牌精品、旅遊觀光、飲食文化等，紛紛來向這個小巨人招手，這個剛嶄露頭角的小巨人，也像是個急於滿足好奇心的孩童，歡天喜地迎接著各式各樣來自異國的珍奇異寶。只是，當時興沖沖地收下各種包裝華美的神祕禮物，誰料拆開了卻是不如預期又難以善了的苦果。

野生動物飼養潮，便是在這樣的時空背景下成形，與政治經濟盤根錯節四十年，至今仍是無法妥善圓滿解決的問題，只要民眾對飼養珍奇的野生動物仍有欲求，便會帶動本國與他國野生環境裡的盜獵及走私活動，而當不適合人類居所的野生動物，遇上了完全不了解野生動物習性需求的飼主，結局大多是，動物們終生身處窄小籠舍直到命喪異國。

台灣的〈野生動物保育法〉於一九八九年，在國際輿論下誕生，在此之前，許多來自世界各國的野生動物活體與非活體販售，早已行之有年。雖然當時並無網路的推播宣傳，但在沒有明確法律可約束的年代，只要人有想要滿足蒐集新奇動物的需求，暗中進行的銷售管道自然能連接起買賣雙方的溝通交易。

在寵物店與影視媒體的渲染作用下，人對飼養珍奇可愛的野生動物總是會充滿美好想像，而長臂猿也是在這個野生動物走私販售盛行的黑暗時期，被帶進了台灣的寵物市場。

「長臂猿」主要產於亞洲，分布範圍東起中國雲南、海南省，西至印度阿薩姆邦以及整個東南亞地區，棲息的環境為熱帶雨林或常綠闊葉林等，善於用長長手臂在林間飛快的以攀樹擺盪的方式移動，因此在野外的生活範圍以樹上為主，有森林特技家的稱號。或許因為是那樣奇特的畫面，加深了人們對這異國奇獸的想望，不惜花費重金也要一睹靈猴風采，成為少數人心中最獵奇的收藏。

但是要將一隻長臂猿寶寶帶到買家的手上，首先在他的原產國家，必須先執行一段充滿血淚的掠奪。由於所有猿猴類的嬰孩幾乎與母親形影不離，時常緊緊抱著母親方便一起活動，所以盜獵者就必須先將長臂猿寶寶與他的母親一起捕捉，有時最快的方式便是直接獵殺長臂猿媽媽，再捉拿只會依偎在母親身邊的小長臂猿。

歷經母親慘死的長臂猿寶寶，隨後的命運就是與其他相似命運的猿猴寶寶一同關在狹小的籠內，在缺乏食物與水的狀態下長時間被走私到購買國。通常這樣的波折還會令半數以上的長臂猿寶寶和其他小猿猴死亡。而交到買家手上後，雖然可能會被萬般寵愛幾年，一旦發育期開始，原本的小猿猴逐漸孔武有力並且不受控制，最後就是從被疼愛的天堂進入終身的牢籠監獄，或是因為飲食不恰當導致的營養失衡，而讓健康出現問題所以早夭。

也就是說，因為少數人想要滿足自己追求時髦的欲求，嘗試新奇的寵物飼養經驗，卻讓這些聰明的猿猴寶寶從出生開始就遭受身心上的磨難，不論買家飼主付出多少愛與關注，最終這樣扭曲的喜愛，都是身心上的虐待，更別說死在盜獵與走私過程中的生命，也讓原產國的野外猿猴族群大幅度減少。

台灣自野保法訂定後的三十年間，不斷的在替野生動物飼養潮善後，而「屏東科技大學保育類野生動物收容中心」便是政府因應這股浪潮催生出的主要收容機構，在屏科大所收容的二十幾隻長臂猿，每一隻都有自己的遭遇。

二〇〇五年來到收容中心的保羅與球球，都是在幼猿時期就被不同的飼主買下。原本嬌小惹人憐愛的模樣，當進入成猿階段，力氣與體型都逐漸增大，令原本疼愛他們的飼主也心生防衛，於是保羅便被關進狗籠中，球球也因為咬傷人而被套上了鐵面罩。但狗籠或面罩終究無法讓人與猿之間有美滿結局，保羅的吼叫聲雖然擾民，卻也喚起了飼主想改善這一切的想法，因此委託屏科大收容中心接管照養；而球球的飼主也出資興建籠舍，延續了對球球的關愛。這或許算是野生動物飼養浪潮中，錯誤的相遇裡比較善了的故事。

已故知名畫家張大千，生平也曾陸續飼養過十多隻長臂猿。據傳大師出生前一夜，其母夢見一位白髯長袍長者，用銅鑼托著一隻黑猿交給她，次日黃昏便產下張大千，也因此大師自認為是黑猿轉世，愛猿也畫猿，不僅臨摹北宋易元吉的作品，更喜歡有猿作伴，所以飼養長臂猿朝夕相處，也可就近觀察長臂猿的各種姿態，有助大師畫筆下的長臂猿們更添生動逼真之感及猿猴類獨有的靈氣。

一九七六年大師定居台灣期間，仍有圈養長臂猿的喜好；一九八三年大師辭世後，那些陪伴大師晚年的長臂猿也陸續死亡，最後的兩隻長臂猿在二〇〇九年，因遭動保團體質疑圈養空間狹小，不符合當代動物福利精神，遂交由屏科大收容中心。中心的照養員們，在接回兩隻長臂猿的途中，便將他們取名為大大與千千，這表示他們所繼承的過往，也象徵著他們前半生不明所以的日子已告終，後半生將在更高更寬廣的地方，攀爬擺盪，還能看見其他長臂猿，聽見他們的吼聲。當原本的孤鳴在異鄉又能與同伴們共同唱起，或許最終能使他們活得更像自己該有的模樣。

如今，長臂猿或其他猿猴類的走私活動看似已在台灣消弭了，但其他野生動物的走私進出口仍是現在進行式，就算有〈野生動物保育法〉的存在，只要人對野生動物仍有搜奇飼養的欲求，這部過時的法規就只能不斷追著新的問題，跑若我們能靠教育與宣導，讓喜歡野生動物的一時衝動，昇華成了解與愛護，相信不遠的未來，動物們的悲歌將停止循環。

國寶魚重現高山溪流——
櫻花鉤吻鮭

溪流說，她久遠以前曾歷經酷寒，也曾經變換樣貌，沒想到我們這櫻花色的族群還能世代繁衍存活下來，但她也說我們曾一度幾乎滅絕，卻不是因為她的無常善變。她還說我們現在的族群多半不是在她的身體裡孕育，好像是有一群人懺悔似的把我們放進了她的懷裡。

歷劫鮭來

一九八〇年代之前的三十年歲月裡，台灣因為多項重大建設和經濟發展，大幅的改變了溪流生態，所以曾一度讓台灣唯一的陸封型鮭魚——「台灣櫻花鉤吻鮭」差點走向滅絕。

第二章

國寶魚重現高山溪流——櫻花鉤吻鮭

一九八一年（民國七〇年）

有一種魚類，他們的存在，見證著台灣十萬多年前生物地理的巨大變化，也是台灣兩千元紙鈔背面上的代表動物，他們正是台灣國寶魚「台灣櫻花鉤吻鮭」，是台灣冰河時期孑遺生物之一，屬於陸封型鮭魚。據推論大約一萬五千年前，因為冰河時期結束，加上地貌變化，所以原本有著洄游習性的櫻花鉤吻鮭，無法再往返大海與台灣溪流之間，從此便定居於地勢較平緩的現今大甲溪上游，是世界上棲息地海拔最高紀錄的鮭魚，也是北半球陸封型鮭魚分布的最南端，不僅是台灣國寶，也是人類到達台灣生活之前的生命歷史證據。

雖說是如今的國寶魚，但起初，自國民政府來台後，因人為因素的劇烈侵擾，以及果園用地、水庫的興建，在三十年的時間裡，櫻花鉤吻鮭逐漸走向滅絕邊緣。民國七〇年，政府終於開始有了積極性的規劃進行保育措施，並在民國七十三年由經濟部依〈文化資產保存法〉公告為珍貴稀有動物，也因此開始凝聚了國人保育的意識，提升櫻花鉤吻鮭存在於國人心中的意義，國寶魚的稱謂便就此順理成章誕生，也讓這國際知名的魚種，台灣唯一的溫帶性魚類，終於有了一線生機。

台灣在日治時期，櫻花鉤吻鮭的族群數量相當多且穩定，文獻記載裡，曾是當初泰雅族人常態性且有捕捉規範的食用魚類之一。櫻花鉤吻鮭在泰雅族語稱之為 Bunban，是他們漁獵文化裡重要的一環，表示櫻花鉤吻鮭是大甲溪上游泰雅族民生活裡的一部分，可見在早期的原始條件下，櫻花鉤吻鮭皆能在台灣的溪流中世世代代安然繁衍。一九三八年日本政府更將櫻花鉤吻鮭列為「天然紀念物」加以保護，因此當時能普遍分布在環山部落以上的大甲溪主流以及各支流。而櫻花鉤吻鮭的命名，也是在這段時期由台灣「淡水魚之父」大島正滿經過多年研究後確定。

就外形上來看，櫻花鉤吻鮭的極限體長約三十公分，身體側面有八到十二個橢圓斑點，繁殖季時，雄魚、雌魚體側會顯出淡紅的色帶，此時雄魚的下顎也會較上顎突出，與日本櫻鮭相似，但在繁殖季以外，稚鮭或成鮭皆沒有明顯的淡紅色帶，不易判斷歸類，因此在那個交通與通訊都不便的年代，讓櫻花鉤吻鮭的命名一波三折。最初於一九一七年，以在梨山發現的地緣關係而稱作「梨山鱒」，一九一九年由大島正滿與喬丹博士共同發表，認為是在台灣新發現的魚種而命名為「台灣鱒」Salmo formosanus Jordan & Oshima，直到一九三五年大島正滿前往實地採樣，並對台灣鱒的生活史與地理條件有深度的研究觀察，才斷定這種「台灣鱒」與日本北方的櫻鱒 Oncorhynchus masou Brevoort 相同，一九五七年再由美國加州大學柏克萊分校動物系邊克教授進行更多樣的研究，發現與日本櫻鱒仍有差異，應屬於台灣的亞種，才於一九六二年命名為台灣櫻花鉤吻鮭 Oncorhynchus masou formosanus。

隨著科學進步，台灣櫻花鉤吻鮭在生物學上的名稱判定其實仍引來學界諸多討論，這樣的命名過程，象徵著台灣在生態與歷史上錯綜複雜的過往，而對櫻花鉤吻鮭來說，最重要的仍是生存的挑戰。由於櫻花鉤吻鮭適合的水溫在攝氏十六度以下，卻生活在位於亞熱帶的台灣，不僅訴說了生物地理上奇特的機緣巧合，也顯示出台灣多變的氣候造就出的生物多樣性。台灣適合櫻花鉤吻鮭生存的環境只有在海拔一千五百公尺至兩千公尺之間，需要的溪流條件，有急有緩，有深潭有淺瀨等豐富度高的清澈溪流，因此在他們原有的棲地裡復育，便是格外重要也必要的條件之一。

早先櫻花鉤吻鮭廣布於大甲溪上游合歡溪、雪山溪、南湖溪、司界蘭溪、有勝溪與七家灣溪等支流，卻因為毒魚、電魚的濫捕，周圍環境的開發造成的地形變化與汙染，開始威脅到櫻花鉤吻鮭的生存，此外最劇烈的變化便是德基水庫上游的攔沙壩建置，使得櫻花鉤吻鮭的成鮭無法上溯溪流尋覓繁殖地，仔鮭及稚鮭沒有適當的水溫與淺瀨供應成長條件，所以櫻花鉤吻鮭數量曾一度降到不及一百尾。當政府意識到如此珍貴的世界遺產即將滅絕，便於一九八一年開始與相關學術單位探討復育方向，民國七十四年由農委會進行櫻花鉤吻鮭的人工養殖保種計畫。

人工復育的目標是希望讓櫻花鉤吻鮭的棲地數量能回復至穩定並自行繁衍，所以放流在養殖環境下誕生的幼鮭便是復育的重點之一。最初選擇放流雪霸國家公園裡的七家灣溪，經過多年的努力後，如今已有穩定數量，更於二〇〇三年達到完全養殖的技術，讓放流的幼鮭數量大幅增加，促使二〇〇六年開始能將國寶魚放流到司界蘭溪、南湖溪、羅葉尾溪這些櫻花鉤吻鮭曾存在的歷史溪流中。但要讓鮭魚返鄉，除了足夠的魚量，家鄉的環境也必須修復，因此，雪霸國家公園以退耕還地於林，退壩還水於溪為原則，進行許多指標性的改善，例如促成武陵農場轉型、退耕農地的植樹、設置汙水處理廠，經科學評估後改善了五座攔沙壩，讓鮭魚的返鄉之路能更加容易。

曾經被預估將會滅絕的台灣櫻花鉤吻鮭，在學者與研究人員經年累月的努力下，跨越了消失在歷史裡的危機，也創造了多次友善生態國土利用轉型的新頁，因政府有及時補救的作為，意識到保護櫻花鉤吻鮭就是保護生態多樣性，健全的生態系對國土環境所提供的服務，是看不見卻在無形中讓人民幸福生活的根基。只要能在錯誤中省思成長，給環境創造機會，生命就會如同鮭魚一樣，不斷逆流而上誕生新的希望。

雲霧裡的山中幻獸——
台灣雲豹

或許是我步伐輕盈，所以你們聽不到我的來去；或許是我身披雲朵融入深山霧氣裡，所以你們察覺不到我躲藏的身影，直到今日我仍然存在傳說裡，還有那些相信我的人們記憶裡。

雲霧幻獸

台灣於一九八三年後，就不再有台灣雲豹在生態調查上正式發現的科學紀錄，四、五十年來大多就只有間接的人證而缺乏物證。台灣雲豹滅絕了嗎？或許同住在這塊土地上的人都有著各自的答案。

2020

第三章

雲霧裡的山中幻獸——台灣雲豹

一九八三年（民國七二年）

一九八三年，東海大學環境科學中心的研究員，在一個原住民獵人的陷阱中發現了一隻已死亡的台灣雲豹幼豹，這是三十多年來，第一次有研究學者聲稱親眼見到台灣雲豹存在的紀錄，也是台灣雲豹最後一筆在野外發現的調查資料。目前台灣雲豹存在的物證與人證，分別收藏於國立台灣博物館內，面容體態與真實的雲豹相去甚遠的幾座古董標本，以及近代台灣原住民獵人口耳相傳的目擊紀錄，這些撲朔迷離的間接證據，使得台灣雲豹的身世如同他美麗的花紋般，布滿著雲霧，成為深山中久遠至今的傳說。

台灣雲豹第一次被列入科學文獻，是在一八六二年，由英國外交官兼動物學家史溫侯，發表於英國《倫敦動物學會集刊》上的〈福爾摩沙島上的哺乳動物〉（*On the Mammals of the Island of Formosa*），在這篇文章裡提到了台灣雲豹、台灣黑熊、台灣獮猴等哺乳動物，是一個半世紀以來，台灣雲豹和其他許多野生動物，曾在這塊土地生存的歷史證據。然而，台灣雲豹雖然是台灣唯一的中型貓科動物，體型比台灣的石虎還要大一倍以上，但是至今除了從早期原住民的訪談中轉述目擊到雲豹的經歷，卻沒有相關的影像紀錄能留下台灣雲豹活體在野外的模樣。

當代關於台灣雲豹的習性與外觀特徵，是以東南亞的雲豹研究為基礎，並依照雲豹的目擊紀錄與適合棲息的環境，去推論台灣雲豹在台灣最有可能存在的地區進行調查。民國九十年一月開始至民國九十三年五月，相關學者專家，以有限的經費，在大武山自然保留區和周邊區域，設置四百個自動相機樣點進行影像蒐集，累積超過一萬三千張照片，卻絲毫沒有捕獲到台灣雲豹仍棲息於這片土地的身影。

或許，就算現今生態調查上所使用的研究器材已有相當大的進步，但也已經錯過調查台灣雲豹的黃金時期。台灣近百年來的棲地開發與獵捕，使得雲豹存在的數目已經少到難以被攝影器材拍攝的地步，又或許如同原住民部落耆老所憶及的那樣，雲豹是行蹤隱密的獵人，晝伏夜出擅於樹上活動，才會三、四十年來從未有在台灣山林發現的科學證據。

雲豹的難以捉摸，跟他的習性有關係，生性機警的他擅於躲藏在樹上，甚至能在樹與樹之間移動，較少至地面，所以不會有明顯獸徑；雖然頭尾體長可達一百八十公分左右，卻因為是夜行性動物而難以被目擊，以上特點都讓研究調查的工作難上加難。

但不論台灣的雲豹是否已經在這片土地上滅絕，唯一能肯定的答案是，雲豹在台灣的族群並不樂觀，因為一對雲豹需要棲息覓食的場域將近四十平方公里，狩獵的對象如台灣獼猴、山羊、山羌、鳥類等動物，這些野生動物大多遍布棲息在中低海拔森林，但如今這些高度的山區早已經有相當的開發與人為干擾，因此可以推測雲豹的生存空間已面臨極度的緊縮，才令研究學者擔憂，即便台灣仍有雲豹存活，恐也難以維持一個族群的繁衍。

儘管台灣雲豹目前還存在的科學證明微乎其微，但卻仍活在原住民部落的文化當中，東部的排灣族認為雲豹是種靈獸，若不慎獵殺雲豹會有天譴而使村莊厄運降臨。另外對魯凱族來說，雲豹更像是神靈般的化身，相傳他們的祖先是由雲豹和熊鷹領路，翻山越嶺後，在雲豹指引的地方建立起自己的部落，也就是現今的舊好茶部落，據傳早期還規範出兩處禁止狩獵的聖地，認為那是屬於雲豹的領域，因此被稱為雲豹的子民，魯凱族也認為若是誤殺雲豹也將讓後代發生不幸。

在這些關於雲豹的傳說裡，似乎也反映出早期和自然緊密依存的原住民，對雲豹的敬畏是立基於深刻的自然觀察，在有雲豹生存的山林，代表著有豐裕充足的生態能夠讓族人世世代代永續利用，而寄宿於傳說當中的不僅是原住民與雲豹共存共榮的教育，也是對大自然維持族人生命的感謝。更值得我們現代人省思的，除了山林的過度開發利用，還有我們與雲豹以及其他野生動物之間缺少精神上的共感，才讓我們在追求物質的世界裡失速。當更多的野生動物像雲豹這樣在自然棲地裡消失，或許也預言了人類自己的未來將遭逢苦果。

短時間內或許看不出少了雲豹的台灣生態有什麼變化，但近年已觀察到失衡的生態系正影響著農業發展與山區植物的造林活動，可見魯凱族祖先們對於雲豹的尊崇，自有他們深刻觀察因果的智慧。

二〇一八年，台北市立動物園裡，因衰老而邁入死亡的「雲豹奶奶」雲新，原本是二〇〇一年從東南亞走私來台而被海關查緝的雲豹寶寶，當時輾轉交由動物園照養，在園中十八年的時光裡成為了台灣人對雲豹情感的投射，滿足不少人對台灣雲豹的想像。當我們惋惜雲新美麗的身影逝去時，也該了解不僅是台灣，雲豹也同時在其他國家因為相似的原因而瀕臨滅絕，在我們苦苦追尋台灣雲豹的蹤跡時，別忘了盜獵與走私正讓許多野生動物逐漸在生態系裡退場，而台灣也可能是幫手之一。

台灣南方的風之谷——墾丁國家公園

我們隨著四季秋來春去，春去時我們是南路鷹，秋來時我們又是山後鳥。這裡的人有一段時間並不了解，我們其實是乘海風而來的御風旅者，南北往返時寄宿於山林間，許多同伴卻因此曾在這裡「一萬死九千」。如今情況好像好多了，鷹河、鷹柱又再次重現。

南路鷹・山後鳥

台灣南方的墾丁國家公園，因為屬於熱帶性氣候區，讓台灣的生態面貌有著明顯的南北對比，每年秋季必迎來大批的灰面鵟鷹來此度冬，這些原本在北方國度各自獨居的猛禽們，卻在此時此地大批集結，這是屬於台灣才有的生態奇景。

2020

一九八四年（民國七三年）

第四章

台灣南方的風之谷——墾丁國家公園

提到墾丁，在台灣已經成為陽光、沙灘、美景的代名詞，因地理上屬於熱帶氣候區，四季和暖，陽光普照，夏季特長不悶熱適合水上活動，冬季無明顯降溫舒爽宜人，位於「恆春半島」南半部，顧名思義可以想見墾丁四季如春的明媚風光。每年皆有大量國內外遊客前往墾丁遊山玩水，單是二〇一四到二〇一五年間，墾丁觀光人潮甚至達到八百多萬人次，可見墾丁在台灣算得上是名列前茅的度假勝地，是生態美景與旅遊休憩的成功結合，能造就這樣得天獨厚的觀光型態，應歸功於「墾丁國家公園」的成立。

墾丁國家公園於一九八四年成立，是台灣第一座涵蓋陸域與海域的國家公園，全境位於台灣本島南端的恆春半島，三面臨海，東面太平洋，南瀕巴士海峽，西鄰台灣海峽，中間隔以狹長而南北延伸的恆春縱谷平原。早期墾丁地區濫墾、濫建、濫捕的情形相當嚴重，民國六十六年故總統蔣經國先生擔任行政院長任內時，指示將墾丁地區優先規劃為國家公園，並在民國七十一年完成「墾丁國家公園計畫」，依〈國家公園法〉公告生效，於民國七十三年一月一日設立墾丁國家公園管理處，成立之初的精神是為了維護天然資源保護生態，之後再以保育、研究、育樂為目標，積極規劃出生態保護區、特別景觀區、史蹟保存區、遊憩區、一般管制區等五種管理分區，分別制定不同程度的保護措施，在墾管處的多年努力下，使墾丁得以保有豐富原始的陸域與海域天然景觀，也維持了許多野生動植物的生存條件。

墾丁海域的生態保護區主要有四處，分別位於西部與南部的沿岸海域，海水清澈並有黑潮流經，多種奇特珊瑚在此生長良好，提供稀有的小丑魚、豆丁海馬棲息，已發現的造礁珊瑚超過兩百多種，由珊瑚礁、礁岩與海砂等共造出豐富奇幻的海中地貌，孕育多種類的熱帶海洋生物，色彩繽紛的海蛞蝓多達約六十種，多樣性之高是世界罕見，四個保護區的海底景色各有不同又難分軒輊，是潛水愛好者的探訪聖地。

不過高度密集的人為活動，也讓墾丁海域面臨無常的災難性威脅。民國九十年一月十四日，希臘籍「阿瑪斯號」貨輪，在墾丁第四海域保護區的龍坑生態保護區附近海域擱淺，洩漏了一千多噸的燃油，嚴重汙染附近海岸。由於墾管處人力有限，發生初期也未被重視，應變緩不濟急，直至一個月後在媒體曝光才提升為全國關注事件，資源開始挹注並結合相關學者、國軍官兵與當地民眾齊心將沿岸油汙盡最大能力清除。一年後海岸雖稍有恢復，但仍有海潮帶不去的油汙持續殘留，而阿瑪斯號的船身殘骸在裂解後，因風浪帶動，使得海底珊瑚礁群遭鏟毀，生態破壞難以估算。

此次事件衝擊的不只海洋生態，也在政治上帶來風暴，凸顯當時並無相關應變經驗以及沒有明確的負責指揮單位，才使得一開始只定位在船難事件，對船體漏油的狀況毫無預警措施，導致事後花費大量經費與人力予以補救，卻也挽回不了原有的海岸及海中生態資源。

墾丁陸域的主要保護區有五處，皆位於墾丁境內東半部，從北開始為南仁山、社頂高位珊瑚礁、香蕉灣、砂島及最南端的龍坑，當中以南仁山腹地最為廣闊，是台灣少數僅存的低海拔原始林，富藏上千種原生植物與多種野生動物，由於完善的生態系，是墾丁國家公園精華區域，可提供生態學者進行長期學術研究。此區的南仁湖是南仁山裡最大天然湖，是許多種水鳥重要棲地，也是來此渡冬候鳥的樂園。每年十月從北方過境來台的國慶鳥「灰面鵟鷹」，也以此處作為南遷的主要休憩站。而緊鄰保護區的滿州鄉，更是賞鷹的最佳熱點，近年來還可以觀賞到俗稱鷹柱、鷹河的壯觀景象，二〇一八年灰面鵟鷹過境來台的數量高達五萬九千多隻，創下三十年來最多的紀錄。

這樣的成績，是墾丁國家公園成立後，積極推動保育觀念的成果。回顧民國六〇到七〇年代的滿州鄉，因為每年大批候鳥過境，當地居民常獵捕紅尾伯勞或灰面鵟鷹等猛禽為食物，也販售猛禽活體或標本以增加經濟收益。在生態保育不盛行的年代，灰面鵟鷹還被誤以為是山後飛來的鳥而稱做「山後鳥」，殊不知這些山後飛來的鳥其實是從遙遠的北方國度，克服萬難來到滿州鄉的候鳥，是觀察地球脈動的重要指標。

而今的鷹海奇景，除了三十多年來保育人士的奔走與國家公園的努力，同時也靠著當地社區的觀念轉變。滿州鄉里德社區的居民，曾經大多是獵鷹高手，在政府協助轉型多年後，成為了護鷹幫手，過去為了獵捕鷹而習得的知識，如今用在守護鷹群與生態解說上，可說是產官學合作下，生態利用及永續經營的良好示範。

生態的維護、保育觀念的普及深化，政府有責無旁貸的使命，而國家公園的運作就有其指標性的價值與意義，灰面鵟鷹每年隨著季節更迭的遷徙，是我們與他方國土皆是地球生命共同體的象徵，鷹飛來，表示他們在出生地過得很好；鷹飛去，表示台灣的人民也善待這些嬌客，年復一年，別來無恙。曾經的烤鳥日常，進化成賞鳥驚嘆，這不僅是國境之南的美好，更是台灣人的驕傲。

黑市交易下的面目全非——犀牛角

你先祖們的悲劇我們都知悉，希望你們從此不用再哭泣，讓我們跳上你的背，引你前往金金祕林，先不用管你為何會在這裡，因為這裡只有慈愛包圍你，讓我們從此陪伴你，直到你想要自在而去。

犀寶旺生

台灣曾是國際間犀牛角的消費市場之一，早期民間素有使用或收藏犀牛角產製品的習慣，直到一九八五年，終於在國際輿論的壓力下加入了保育犀牛的行列，逐漸翻轉了「犀牛終結者」的形象。

第五章

黑市交易下的面目全非——犀牛角

一九八五年（民國七四年）

犀牛是世界上最大的奇蹄目動物，也是陸地上體型僅次於大象的哺乳動物，全身有粗糙厚皮，在肩腰處形成皺褶，遠看像是岩石，近看有如身披盔甲的巨獸。

在非洲大草原上，成年的犀牛可說是沒有獵食動物敢輕易把他當目標，即便是剛出生的小犀牛，依偎在媽媽身旁也是十分安全，可以玩耍嬉戲四處探索，餓的時候還有媽媽奶水滋養。小犀牛原本在長大前都能這樣安心的待在母犀牛身邊，學習他需要知道的求生技能，但令人心碎的是，當草原上盜獵者的槍聲響起，預告這樣的天倫畫面將被迫中止。每當有成年犀牛被盜獵者的獵槍或是麻醉槍射中無法動彈後，多半在有意識的情況下被盜獵者一刀一斧的將自己的角從臉部砍下；當麻藥效果退去，犀牛也將忍受失去半張臉的傷痛，直到嚥下最後一口氣。若是帶著小犀牛的母犀牛遭此劫難，頓失依怙的小犀牛最終只能伴著媽媽的屍體直到自己也孤獨的死去。

盜獵集團之所以如此殘殺成年犀牛，其實只是需要犀牛鼻端前後排列的兩支角。犀牛角原本是犀牛保護自己的武器，卻諷刺的成為自己喪命的原因。盜獵集團大費周章鋌而走險，全是因為犀牛角在亞洲有高價的金錢利益，傳統的亞洲中藥市場中，犀牛角被當成珍貴藥材，儘管當代科學已證實犀牛角成分類似指甲，並沒有特殊療效，但在商人有心炒作下，至今黑市交易仍居高不下。台灣過去在民國六〇到八〇年代也曾是犀牛角的消費市場之一，而後在國際社會的輿論及制裁下，於一九八五年開始積極查緝犀牛角的走私與使用，並緊接著管制犀牛角、虎骨等野生動物產製品的貿易行為。

台灣在一九八〇年代，因為走私販售野生動物活體及產製品的緣故，在國際社會的形象大受影響，甚至讓美國以〈華盛頓公約〉為標準，要求台灣採納其所設規範，限制野生動、植物相關貿易，才迫使政府於一九八五年開始採用並加強查緝，但因初期執行成效不彰，市場似有囤貨效應，引起〈華盛頓公約〉締約國的注意，認為台灣可能成為將來亞洲犀牛角的貿易中心，所以一九八九年十月在洛桑舉行的〈華盛頓公約〉會議，提議對犀牛角使用國採取政經抵制案。

台灣由於顧及形象和即將可能面臨的制裁，使政府全面配合國際組織拯救犀牛，也發現當時民眾在消費習慣上保育觀念的不足，於是從一九九〇年起，公開舉行了六次焚毀走私野生動物製品的行動，宣告政府保育決心，最終在一九九二年全面禁止犀牛角的使用與買賣。

無論是因為國際上的壓力，或是台灣自我的保育意識抬頭，台灣都參與了一次全球性的犀牛保育行動，在政府的起頭作用下，民眾第一次感受到國際上對野生動物保育的嚴肅態度，也第一次認知到野生動物保育的成效將影響國家形象，形成自我約束的責任感以及保育有成的榮譽感。但在一九九二年經美國與英國環保團體長期蒐證下，揭露台灣仍有商家在販售犀牛角，最終使得美國於一九九四年引用〈培利修正案〉對台灣進行貿易制裁，再度驅使台灣修訂野保法，加重野生動植物走私、販售等的刑罰與罰鍰。而這樣的國際裁罰，無疑也對民眾在保育成果的自信上帶來一記重擊，使得各部會在進行修法與執法上，同時也獲得國人的支持，才能推動大幅度的革新，最終美國在隔年六月解除制裁。

時至今日，曾被稱作「犀牛終結者」的台灣已在犀牛保育上轉變成為模範生，只是這樣的進展，卻不是每個國家都走得到，反而是野生犀牛惡夢的開端。

在國際禁止販售犀牛角的風氣下，保育組織的腳步卻仍然無法停止，全球高達八成的犀牛生存於南非，宛如盜獵集團的收割天堂。據統計，二〇〇七年在南非遭盜獵者獵殺的犀牛為十三頭，二〇〇九年南非全面禁止交易犀牛角後，盜獵的數字卻逐年升高，直至二〇一五年，南非遭盜獵獵殺的犀牛高達一千一百七十五頭之多。會演變成這樣的局面，主要是因為亞洲仍有收藏犀牛角與偏方用藥的習慣，才刺激出高價收購的黑市交易。

犀牛角自一九九七年開始禁止國際交易，在此之前犀牛角每公斤價格為一千美金，隨著禁令頒布後，黑市的交易價格卻跟著翻漲，甚至曾高達每公斤六萬美金的天價，如此的誘因，使得非洲大陸貧困地區的人甘冒風險也要前往非洲的國家公園盜獵犀牛，令南非政府與保育組織投注再多人力與資源仍無法有效防範野生犀牛遭到殘殺。

犀牛是所有犀科動物的統稱，主要分布在非洲與東南亞，現存的五種犀牛為白犀牛、黑犀牛、印度犀牛、爪哇犀牛、蘇門答臘犀牛，除了南非白犀牛外，幾乎都瀕臨絕種。而北非白犀牛的野外族群已經滅絕，人工飼養僅剩三隻，其中唯一的雄性北白犀「蘇丹」由於年老無法繁殖，二〇一八年時健康也逐漸惡化，最終邁向死亡，蘇丹的死等於正式宣告北非白犀牛，將因為少數人類的貪婪，而永遠在北非的草原上消失。

但是北白犀與其他犀牛的瀕臨絕種，似乎沒讓亞洲犀牛角的黑市交易停歇，就算醫藥對犀牛角的迷思逐年在破除，但對於想要收藏犀牛角製品來展示自己身分財力的人與投資客仍大有誘惑，犀牛的滅絕對他們來說，可能無關緊要，甚至能讓自己的收藏更加稀有珍貴，只要亞洲這裡仍有消費，在遙遠的非洲，所有犀牛的結局或許還是會面目全非。

北國來的冰原困獸——

北極熊

我們本是冰雪之國的王者，雪白的毛色烏黑的皮膚讓我們不懼怕寒冷反而怕熱，不知何時冰雪的國度開始灼熱，冰雪的國土開始消失，不知我腳下的浮冰還能承載我們多久？我的孩子們還能捱餓多久？只能跟他們說再撐一下，冰雪之國就快重新回到極光之下。

冰至熊歸

遙遠北極圈下的冰原消失，與位處於亞熱帶的我們也息息相關，再八十個冬天之後，北極熊是否真會如科學家預估的那樣在北極滅絕？我衷心的希望這不會成真，所以願此幅作品能化為一份祝福，希望不遠的未來，消失的冰原能重返極圈。

第六章

北國來的冰原困獸——北極熊

一九八六年（民國七五年）

模糊的記憶中，一直有個片段是年幼時曾在木柵動物園看過北極熊，依稀記得是個四周高牆圍繞，並且以白漆塗白營造雪地氣氛的空間，北極熊在底下的小廣場踱步，那畫面相當孤寂，也很奇幻，所以多年後一直不確定這段記憶是來自夢中，還是真實的殘影。木柵動物園是否曾有過北極熊，似乎不是台灣人明確的共同記憶，但北極熊確實曾經來過，而且還有兩隻，只不過在來到台灣的四年後健康開始惡化，最後相繼死亡，成為台北市立動物園在一九九〇年代一段低調的往事。

一九八六年，圓山動物園在全國的媒體與民眾矚目下，風光搬遷至木柵的新園區，新址的腹地更加寬廣，不少動物從鐵籠的展示空間升級為較符合圈養動物福利的開闊空間，此外新的場域也能容納更多遊客與設計完善的展場動線。對市民來說，新設立的台北市立動物園，富有更好的育樂水準，增加民眾的幸福指數，當時不少台灣民眾的旅遊觀光或是學校的校外教學，皆以市立動物園為必去景點。

因為新園區新氣象，市立動物園有更多的空間收納更多不同種類的動物，便在遷址同年的十二月，從加拿大 Manitoba 省野生動物局，獲贈雄性與雌性北極熊一對，但在倉促開幕的情形下

（一九八七年一月一日），市立動物園很多展場設施其實尚在施工階段，收置北極熊的展場也欠缺考量，兩隻北極熊被置於露天環境，首先面臨的考驗就是台灣亞熱帶型的氣候。儘管飲食照料無虞，但原本屬於生長在極地氣候的北極熊，在台灣高溫濕熱的環境裡終究還是無法適應，四年後，兩隻北極熊的健康陸續出現狀況，最先開始的病徵都是毛髮脫落稀疏，露出原本黑色的皮膚，接著皮膚狀況也變糟，開始化膿出血。面對這樣逐漸惡化的狀況，園方束手無策，由白轉黑的北極熊就此離開了展示區，最後公熊在一九九四年死亡，兩年後母熊也隨公熊而去，曾來過台灣的極地霸主就此消失在台灣人的記憶裡。

其實生物學家與動物保護組織都明確表示，北極熊和海豚都是極度不適合飼養在人工環境的動物，以身體機能來說，北極熊是完全適應極地氣候的動物，雪白與淡黃的毛色不僅能巧妙融入冰天雪地的環境，中空的獸毛其實也有絕佳的透光效果，能快速導熱到北極熊黑色的皮膚保持溫暖。由於毛皮鎖熱效果良好，當極地的夏季來臨，北極熊甚至會感到過熱而需要利用未融化的積雪來降溫，因此在人工的環境圈養北極熊，首先要克服的便是需要一個舒適的低溫場域。多數的動物園是無法有經費提供相似極地氣溫與光照的場館，若要北極熊自己適應極地以外的氣候，結果很可能就是痛苦的慢性折磨，直到衰竭死亡。

不管如何，對北極熊來說，遼闊的北極冰原才是他們的家，全世界被圈養在動物園的北極熊，幾乎都因為場地狹小與低豐富度的展場設施，出現來回走動或前後踏步的刻板行為，這是動物在圈養環境裡面對無法消解的壓力時，而產生的自我封閉，當出現這些毫無生氣的機械式行為時，就表示圈養環境的動物福利嚴重不足了。在野外，每隻北極熊狩獵與活動的範圍廣大，平均大約兩萬平方公里，因此北極熊的生理構造能在進食後快速儲備大量脂肪，才有能量在雪地上行走奔跑以及在海上長距離游泳，可想而知就算有低溫條件的場館，也絕對無法令這樣的冰原之王滿足。

地球上現存的北極熊約兩萬五千多頭，分布在北冰洋沿岸的五個國家，分別是阿拉斯加（美國）、加拿大、俄羅斯、挪威、格陵蘭（丹麥），約有超過六成棲息於加拿大，而位於加拿大哈德遜灣的邱吉爾鎮，是熊比人多的地方，也是全世界北極熊密度最高的區域之一，被封為世界的北極熊首都，是觀察研究北極熊生態的聖地。因為正好處於北極熊遷徙的路徑，每年秋末冬初會有上千頭北極熊在邱吉爾鎮集結，準備等待海面結冰的日子到來，才能前往海豹出沒的海域狩獵。

海豹是北極熊獵食的主要對象，因此冰原就是北極熊的獵場，冰原的消長關係到北極熊的生存，但由於過去四十多年來北極的海冰幾乎消退一半以上，北極熊只能靠每年季節性的結冰來移動覓食。極地的海冰在每年七月夏季融化後，北極熊也隨之退回北方陸地等待海水再次結冰，通常等待期長達約四個月，每等待一天，體重就減少約一公斤，在此期間北極熊僅能以鳥蛋、地衣、野果或海帶維持生命，並減少活動以儲備體力，但近年的海水結冰期逐年往後，延遲至十二月份都還是海上無冰的狀況，邱吉爾鎮的北極熊在陸地上的等待時間多了將近三十天，而季節性的結冰也不穩定且破碎化，使得北極熊需要耗費更多的體力跋涉，所以不僅飢餓的等待期加長，覓食的環境也更不利於北極熊生存。

以邱吉爾鎮來說，北極熊數量從三十年前的一千兩百頭，至二〇一八年只剩下八百多頭，減少將近三成。造成如此局面的最直接原因便是全球性的氣候升溫，導致融冰速度快，結冰速度緩慢，溫室效應的影響層面廣泛，已衝擊到北極的生態圈，例如生存於溫帶的赤狐已經開始出現在更北方的區域，直接威脅到北極狐的生存。

當極圈後退，海面結冰縮減，海豹也少了繁衍下一代的場所，連帶加重北極熊生存的困難，而北極熊獵食後的動物殘骸，同時也是北極狐或是海鳥賴以維生的食物來源之一，所以北極熊可說是極地氣候裡指標性的動物，但因為溫室效應與人為的汙染，科學家悲觀的預估，二〇五〇年北極熊的數量會減少三分之二，最快在二一〇〇年滅絕，就算我們在動物園保留了最後僅剩的北極熊，這些被圈養的哀傷北極熊，也沒有原本的冰雪國度可以重返王座，若我們再不實際作為改善現況，北極熊現在的遭遇將可能是我們未來走上的劇本。

銀白世界裡的鮮紅獻祭——

海豹

北極圈下，浮冰之上，我們與母親的緣分只有十四天，之後母親留給我們的，只有充滿愛與溫暖的乳水在我們體內供給營養，使我們茁壯。直到一身白毛消失後，將可以與同伴一起游向大海的家，不過有些同伴卻只待了十二天就提前退去白色皮毛變成了鮮紅之物。

浮冰之蓮

每年三月加拿大東岸的聖勞倫斯灣便會開始狩獵出生十二天以上的豎琴海豹（小白仔），畫面雖血腥殘酷，卻也是該國重要的經濟產業，身處台灣的我其實也感到兩難，僅能以此作慰藉那些消失在極圈下的白色精靈。

一九八七年（民國七六年）

第七章

銀白世界裡的鮮紅獻祭——海豹

約莫半個世紀前，北極的結冰層依然幅員遼闊，是片人跡罕至的雪白大地，北極圈下方的北冰洋，每年到了三月便會上演一場生態奇景，銀白色的大地因春天的到來開始有了浮冰，廣大的浮冰之上散落著數以萬計的黑色身影，那是身體圓滾的「豎琴海豹」，每年此時為了尋找適合的浮冰層生產，才出現在這片銀白世界，給寂靜的北冰洋帶來熱鬧的生命禮讚。

雪白的浮冰上不只有灰黑色的海豹媽媽，也有出生不久一身雪白色絨毛的海豹寶寶，這階段的毛色原本是禦寒以及能融入冰雪環境的保護色，卻反成為他們被詛咒的開始。一九五〇年代以來，因為歐洲服飾產業帶動了動物皮草的大量使用需求，加拿大東岸的聖勞倫斯灣，每年有幾十萬隻的白毛小海豹，在加拿大海灣的浮冰上被刺棒擊斃、放血與剝皮。直到一九六〇年代，「國際愛護動物基金會」創立，努力揭露海豹皮草背後的血腥，在得到國際輿論的支持下，最終美國與歐洲市場禁止了海豹毛皮的消費和貿易，加拿大政府也在壓力下於一九八七年禁止獵捕出生不到十二天的小海豹。

但是這項禁令對豎琴海豹來說，不過是紙微弱的護身符，加拿大政府在政治與經濟的考量下，至今依舊每年訂下獵殺海豹的日期以及獵殺海豹的配額，雖然美國與歐洲禁止了海豹皮草的消費和貿易曾經一度令市場萎縮降溫，使得商業規模的獵捕趨緩，但是隨後的亞洲市場興起，讓海豹毛皮的需求再度升溫，所以每年三月下旬，當白毛小海豹出生十二天後，這場在浮冰上獵捕剝皮的工作將再度執行，許多在冰上毫無自保能力的小海豹，因此來不及長大，便成為經濟與稅收的活祭品。

其實之所以能每年如此定期又大量的獵捕到海豹，主要是因為海豹獵人熟知豎琴海豹生育習性的緣故，但每年幾乎同一時間，豎琴海豹仍然會再度回到這裡。每年初春，由於母海豹即將生產，便會從北極游上約三千公里來到聖勞倫斯灣，尋找適合育兒的冰層。雖然豎琴海豹是海洋哺乳動物，原本生活在極地開闊海洋和海岸線周邊海域，但是在生產時還是得離開水面，因此需要仰賴北極圈周邊廣大的浮冰層；這對母海豹以及剛出生的小海豹格外重要，浮冰不僅有利於還不會游泳的小海豹隱藏，也能讓母海豹短暫的回到海中休息與覓食。

而小海豹與媽媽的緣分其實只有大約十四天，剛出生的小海豹幾乎與媽媽形影不離，海豹媽媽每天餵乳四到五次，才能讓小海豹獲得充足的營養快速長大，每天小海豹都會因為媽媽富含油脂的奶水而增加二到二點五公斤的體重，出生五天後身體便可以增大幾乎一倍，也就是我們熟悉的，圓滾滾毛茸茸一雙烏溜大眼的白毛小海豹。

當小海豹足夠健壯能暫時獨自抵禦風寒時，海豹媽媽偶爾會藉由浮冰上的裂縫或鑿出的冰洞，短暫地離開海豹寶寶下水休息與覓食，有時海豹寶寶餓了便會開始呼喊，期待海豹媽媽的出現，因此北冰洋三月的浮冰之上，經常有小海豹們此起彼落的喚叫聲。但是浮冰的變化，偶爾會令母海豹下水的地點與上岸處不同，所以當母海豹們離開一段時間後若與小海豹失散，便會開始上演一幕幕的相聞認親，這時海豹媽媽與海豹寶寶會鼻子碰鼻子確認彼此氣味，這樣才不會餵錯孩子。幾乎沒有母海豹會認錯小孩的，這不僅是天性，也是浮冰上重要的存活關鍵。

育兒期間的母海豹幾乎沒有進食，本身的脂肪轉換成供給海豹寶寶的奶水，所以體重每天下降約三到四公斤，直到育兒期結束，海豹媽媽的體重會減少三十到四十公斤，可見這段期間海豹媽媽對海豹寶寶全心全力的照顧。但在十二到十四天左右，母海豹便會結束哺育回到海中與公海豹會合，就此離開小海豹。這時的小海豹唯一的功課就是在冰上等待，僅藉由媽媽之前餵養的奶水，在大約三到四週的時間增肥長大，並自行學會游泳與捕魚，之後同期出生長大的海豹便成為一支新的族群游向他們爸媽也生存在那的海域。

原本的北冰洋，小海豹們在冰上等待長大的時光雖不輕鬆卻也自在，但十八世紀後獵捕海豹的規模提升到商業等級，小海豹們在冰上增重與學習游泳的時光開始危機四伏。科技的發展，使得獵捕用的船隻與器具進步，捕殺海豹時的安全性與速度提升，令更多沿海居民投入這項產業，其中又以加拿大為大宗，也是加拿大重要的稅收之一。直到一九六〇年代末，國際愛護動物基金會在海豹生產季前往拍攝，記錄下北冰洋豎琴海豹遭受獵捕的過程，透過報章雜誌以及剛問世的彩色電視，第一次在世人面前，呈現潔白世界裡血紅色的擊殺與白色小海豹的無力反抗。該組織運用媒體年復一年的提醒人們，北冰洋每年上演著數萬隻小海豹從母海豹身邊被搶走擊斃再剝皮的悲慘故事，讓本屬於奢侈精品的皮草，漸漸成為這場屠殺元凶的象徵，不僅讓穿戴海豹皮草在歐美國家成為恥辱，更引起廣大的海豹保育聲浪，可說是當代野生動物保育的濫觴。

整體來說，獵捕海豹的相關產業因為歐美國家的禁令與皮草銷量的下滑，在一九八〇年代逐漸式微，卻持續沒有太久，九〇年代初期，大西洋的鱈魚數量銳減，起因於加拿大東岸外海的大規模捕撈，加拿大政府被迫停止鱈魚捕撈業，導致國內失業率上升，不滿政府的聲浪四起，環保團體認為，主政者面對指責時並沒有坦承自己的失職以及為管理不善引起的漁獲下降扛起責任，卻將鱈魚減少的原因歸咎於海豹。由於鱈魚是海豹的主食之一，因此加拿大漁業部聲稱是海豹吃光了鱈魚才讓漁民沒有工作，就這樣，海豹成為政治上脫卸責任的棋子。不僅如此，漁業部更轉而提出獵捕海豹的政策來挽救失業率，於是大量的海豹獵人再度前往北冰洋獵殺海豹。

從一九九五年開始，遭獵殺的海豹數字又急遽升高，但是二〇一〇年開始，歐盟對海豹製品下達全面禁令，接著全球多達三十四個國家以及台灣，都紛紛頒布相關的禁止貿易措施，市場的萎縮，讓加拿大政府只好將目標轉向中國市場。雖然在國際輿論壓力，以及中國動保團體發起抵制的情形下，這場貿易協商並沒有明顯進展，但中國仍未完全實施進口貿易禁令。而且當時為了推廣亞洲市場，商人開始炒作推銷起海豹的其他價值，像是海豹油、海豹鞭等宣稱有保健療效的商品，所以就算不需要海豹皮草的人，也都可能是這項產業的推手之一。

過去幾十年來，加拿大每年獵殺海豹的配額將近三十到四十萬頭，而一九八七年禁止獵捕未滿十二天大的小海豹禁令，若有似無的存在，像是溫室效應下的海上浮冰，承載不了所有的小海豹，也無法讓所有小海豹安全長大。

追尋飛羽的守護者們——
野鳥學會

能在充滿霧氣的濕地裡遇到你真是讓我們無比歡喜，你總是知道要往哪裡去，天空的朋友也在你身上歇息，帶給我們很多相伴的樂趣。你的和藹可親像是一艘小船，帶我們渡過了迷失的此岸。

與你共渡

台灣堪稱是賞鳥王國，豐富的地理氣候與地貌，讓這片土地在久遠以前曾是眾多鳥類棲息的天堂，雖然無法重回那個很多野生動物都還沒被趕到山上的時代，但還是藉著創作來滿足自己的想像，重現那段時光。

第八章

一九八八年（民國七七年）

追尋飛羽的守護者們——野鳥學會

台灣地形地貌的多變與多樣，孕育了無數種常見或珍稀的鳥類，從深山到都市，從都市到河岸，再到濕地與海岸，皆可見到許多不同鳥類的身影。像是在山林天空中盤旋的，有可能是大冠鷲、黑鳶、林鵰或是魯凱族的神話之鳥熊鷹。在淺山與都市交疊的地方，會看見領角鴞、紅嘴黑鵯、鳳頭蒼鷹或是食性奇特愛吃蜂蛹的東方蜂鷹。人口密集的都市，也能見到綠繡眼、麻雀、白頭翁或是停在電線上的大卷尾。隨著季節而變化的濕地裡有水雉、雁鴨、高蹺鴴以及國際知名的黑面琵鷺。再往海邊也能見到小燕鷗、岩鷺、魚鷹等形態不同的鳥類。這些數不盡的留鳥與候鳥，是台灣人常常身在福中卻輕易忽略的珍寶。

二〇二〇年版的《臺灣鳥類名錄》紀錄到的鳥類共八十七科，六百七十四種之多，其中包含二十九種台灣特有種及五十五種台灣特有亞種，從高海拔山區到中低海拔的城鄉環境，鳥類目擊率相當高，而且全台各地皆有能專心賞鳥的良好熱點，通常路程既不遠也好到達，因此培養出許多追尋鳥蹤的愛鳥人士以及造就出護鳥、救鳥的熱心志工。漸漸的，一群愛鳥志士形成了一股台灣野生動物保育風氣的濫觴，不僅賞鳥，也開始關心不同鳥類賴以維生的棲息環境，在一九七〇年代成立了「台北賞鳥會」，往後的十餘年經營起一套有系統的聯繫與互助網絡，並於一九八四年九月轉型為正式的民間社團「台北市野鳥學會」。

台北市野鳥學會成立後，更發起串聯全台各地的野鳥學會，在一九八八年由二十一個地方鳥會及生態保育團體聯合組成「中華民國野鳥學會」。成立的宗旨是致力於棲地保育、物種保育、推廣教育以及國際交流與合作，更重要的貢獻是，將四十年多來全台各地愛鳥人士所觀察到的鳥類資訊累積彙整，建構出豐富完整的台灣鳥類資料庫，並在二〇〇八年由長期關心台灣鳥類現況的專家擔任志工，組成鳥類紀錄委員會，每年依循最新版的《世界鳥類名錄》與台灣各地鳥友及志工所發現記錄的鳥類進行比對，判別出台灣留鳥、特有種鳥類、候鳥、迷鳥或外來種鳥類，透過委員會嚴謹又仔細的分析，編列出《臺灣鳥類名錄》。

自委員會成立開始到二〇一八年，每期平均有十數種在台灣本島或離島新發現的鳥種被正式記錄在內。這份由全台各地野鳥學會及熱心鳥友合力完成的台灣鳥類名錄，仍然在不斷更新，除了極具學術研究價值，也是觀察台灣四十年來生態環境變化的重要指標之一，更是愛鳥人對生態保育的齊心貢獻。

由於全台各大縣市皆有當地愛鳥人士設立的野鳥學會，並設計符合在地特色的鳥類圖樣當作各自學會的標章，象徵各處的野鳥學會對當地鳥類生態的熟悉，以及致力推廣生態教育的願景，並主辦或協辦各類當地賞鳥活動與講座，例如台北市野鳥學會在關渡自然公園的例行賞鳥活動、彰化縣野鳥學會每年舉辦的「鷹揚八卦」賞鷹活動、台南市野鳥學會的黑面琵鷺保育博覽會、花蓮野鳥學會的美崙山生態季，以及高雄市野鳥學會在鳥松濕地自然中心的定點解說等，多年來在台灣各地舉辦的大大小小深具保育意義的各類型活動，使得野鳥學會或是「鳥會」，已成為台灣人耳熟能詳的稱謂。每當賞鳥活動的場合出現野鳥學會的解說員或志工，總是令人感到親切與信賴。

在台灣，不只是見到鳥類的機率高，就連發現受傷鳥類或是落巢的幼雛鳥的機率也不少，尤其每年五月至八月，是許多野生鳥類育雛的季節，因此偶爾會有民眾發現從巢內掉落的幼雛鳥，這時候，救助心切的民眾首先想到能夠諮詢的單位，多半就是野鳥學會。當時節進入颱風季，各地的野鳥學會在颱風過後將接到更大量打來求助與諮詢的電話，許多的鳥會志工在多年的經驗下成為民眾與鳥兒第一時間的幫手。

此外，隨著民眾保育意識的逐年進步，加入鳥會的志工數量增加，台北市野鳥學會也在幾位資深志工的帶領下，於民國八十一年設立野鳥救傷中心，不僅是全國的野鳥學會首創，更是台灣最早具備野生鳥類救傷的正式單位，可以稱得上是台灣成立野生動物救傷系統的先驅。

雖然台灣民眾的保育意識近年來有所增長，野鳥救傷中心時常需要協助或收容許多民眾送來的落巢幼雛鳥，卻發現民眾的熱心多半建立在缺乏鳥類相關知識的情況下發生。民眾撿到的野生幼雛鳥，約八成都是需要親鳥以特定的昆蟲來餵食，但是心急的民眾會因為擔心幼雛鳥挨餓而急於餵食穀物類的鳥飼料，所以導致幼雛鳥的腸道堵塞，在民眾自行收容的階段就開始虛弱，等到送達鳥會時，幼雛鳥的健康狀況大多已經無法挽回。

因此藉由社群媒體的興起，各地的鳥會也時常推廣正確的鳥類救援知識，希望讓更多熱心民眾了解，除非真的受傷或健康狀況明顯不良的成鳥或幼鳥才需要帶離救治，否則首先要做的都是應該先幫助雛鳥回到巢內，如果是學飛中的亞成鳥只需要放置發現地附近的高處，並且遠離觀察即可，多數情況下親鳥會自行引領回去，或進行餵食以充足幼鳥體力，只有當真的無法放置高處或觀察許久仍不見親鳥前來，才需要請相關單位協助。

除了宣導正確的救助方式，鳥會的愛鳥志工們最希望讓大眾理解的是，無論人再如何悉心照顧幼雛鳥，只有鳥爸鳥媽親自的哺育才是對他們最好的，更不能因為一己私心將幼雛鳥留在身邊圈養，因為從現今各處第一線救傷單位的經驗來看，經過人為飼養的雛鳥與亞成鳥，幾乎都無法正常健康的長大，最後的命運可能是因為發育不良喪失飛翔能力而終生只能呆在牢籠，或是器官受損導致無法有品質的活著，救傷單位只能以人道方式結束其生命。

因為照顧幼雛鳥或是傷鳥既不輕鬆也不容易，被送到救傷中心時的狀況好壞也各有不同，所以鳥會志工們不僅要費時費力的用心照料，生離死別也是偶爾要面對的煎熬課題，但是當幼鳥在悉心照顧下成長茁壯，傷鳥在治療後回復健康，並且強壯到在籠子內鼓譟，就是放飛他們的時間到了。最後，選擇一處恰當的地點，打開籠門，看著鳥兒頭也不回的振翅離去，便是志工心裡最大的成就。

能看著辛苦照顧的鳥兒飛出籠子雖然欣慰，但是更希望他們能在良好的棲地生活，一切的努力才有意義，因此所有鳥會一致的宗旨便是守護生態與推廣保育觀念，不論是協助政府單位的研究，或是參與國際保育計畫，都是為了成為民眾認識生態的幫手，透過賞鳥讓民眾認識山林是活的、溪流是熱鬧的、濕地是充滿驚喜的，當這些環境能健全，生態才得以豐富，人也才是幸福的。從觀賞鳥到愛護鳥再到心懷一切生命，這便是自然棲地能長存的重要原因。台灣的豐富生態不只是孕育出許多美麗的鳥兒，也孕育出很多愛護鳥兒的人們。

經濟起飛後的保育萌芽——

野生動物保育法

你遊歷四方見多識廣，看過高山大樹，踏過落葉嫩草，相聚時，
你向我們講述著白天與黑夜的事情，帶給我們很多想像與樂趣，讓我
們也想陪著你去見聞這天地。

金金祕林 PA

金金祕林的高山上住著水鹿伯，他偶爾會下山走走看看。平常難得相見的朋友們喜歡趁水鹿伯來訪時，聚在一起聊聊他在深山的日子，水鹿伯也很關心大家的生活狀況，所以有水鹿伯在的地方就好像在開趴體。

第九章

經濟起飛後的保育萌芽——野生動物保育法

一九八九年（民國七八年）

一九八〇年代是台灣令人自傲的經濟起飛時期，卻在生態環境上飛出失速的劫難，「台灣錢淹腳目」是對當時的經濟奇蹟如同傳奇般的註解，但也是在生態利用上毫無節制開發利用的證詞。當時許多國際企業來台設立加工廠，除了帶來繁榮與令人稱羨的工作機會，同時也帶來土壤及地下水汙染等公害事件，就算至今還是偶爾會發生河川遭到不明廢水汙染或是農地被傾倒不明廢棄物的景況。

五、六十年來，農業大規模拓展進入山林，藉由台灣獨特的高山氣候，使得高冷蔬菜、溫帶水果、茶葉及花卉等經濟作物能夠在亞熱帶的台灣耕種，創造穩定的供需市場，但是山地的農業化使得原生植物遭到大規模的移除，溪流生態也因為民生及灌溉用水而改變了樣貌，並且為了各種產業的人車方便出入，建設了無數條四通八達的公路及產業道路，野生動物的棲息環境也因此分割破碎，許多中小型哺乳動物、鳥類、爬蟲類和昆蟲，在為了覓食、求偶、拓展領地時遭遇車輛撞擊身亡，而大大小小的道路開發，更有利於獵人進入原本不易進入的原始森林，增加獵捕野生動物的機會，使得野生動物的生存與繁衍更添極度不利的條件。

台灣人覺得前景光明的一九八〇年代，實際上是犧牲健康的生態所換取的繁榮，經濟的穩定發展，所帶給人民的幸福與成就感，其實是構築在無數生命的浩劫上。在那樣急於發展的年代，政府與人民缺乏對土地永續利用的觀念，也尚未懂得思考生態保育的意義與價值，不僅令許多本土的野生動、植物絕種或是正在滅絕邊緣，同時還因為興起了野生動物飼養潮，令本國與其他國家的許多野生動物遭受濫捕和盜獵威脅，因而增加國際之間野生動物相關的走私活動，當時尤以紅毛猩猩、長臂猿等猿猴類的寶寶為明星商品，間接導致這些野生動物在原生國的數量處在瀕危狀態。

除此之外，當時台灣民間也常見山產店在山區林立販賣野生動物料理，少數饕客更追求熊掌、熊膽、穿山甲肉等奇特食材，或是迷信犀牛角、穿山甲鱗片等中藥偏方，還有人蒐集象牙、犀牛角等產製品為收藏，使得台灣不只是經濟奇蹟的實力響亮國際，也因為危害許多國際上保育的野生動物而惡名昭彰，大大有損台灣的國際形象。

雖然台灣早在民國六十一年，因為野生動物交易猖獗，內政部已宣布全面禁獵，並嚴禁出口、獵捕及製作標本，但由於未有積極作為所以執法與查緝的力度不足，全台各地的濫捕情形依舊。

時光來到一九八〇年代前後，台灣開始有少數民間人士組成保育團體，呼籲各地民眾認識自然，愛護環境，卻因為屬於公益性質，沒有充足經費與人力進行全國性的推廣宣傳，所以在民間沒有引起廣泛回響。直到民國七十三年台灣第一座國家公園在墾丁地區成立，象徵著政府對生態資源的重視，也是對於經濟發展傷害自然環境後的反思及補救，促使當時國內報導有關野生動物的新聞內容增加，又正值台灣即將宣布解嚴前夕，重大的環境汙染、國有林被盜砍、野生動物遭受殘害等公共議題，開始有機會在民間刊物的發表下得以曝光，促使大眾開始關注相關事件，漸漸喚醒身為公民對自然環境應該有的保育意識，因此，一九八〇年代可算是台灣民眾在保護自然環境上的萌芽階段，也是野生動物保育被定義成為國家級事務的起飛時期。

最壞的年代或許也可以是稍微值得慶幸的年代，在歷經付出台灣生態破壞的代價以及失控的野生動物飼養潮後，政府與社會大眾開始看見傲慢無度所嘗到的後果，難以解決的公害汙染影響著人民的健康，少數人對野生動物的相關不法交易，加劇了國內外的盜獵與走私犯罪，使得台灣受到國際上許多保育組織的嚴厲指責，最後終於在台灣民眾自發性的環保運動以及歐美國家施壓之下，於一九八九年經立法院三讀通過了〈野生動物保育法〉，築起了守護野生動物的法律防線，雖不燦爛明亮，卻也是黑夜中的一座燈塔。這部〈野生動物保育法〉由「中華民國自然生態保育協會」於民國七十三年推動起草，立法精神受到日本及歐美的相關保育法規的啟蒙，並補足了之前〈國家公園法〉、〈文化資產保存法〉當中的不足，成為當時的時空背景裡相對先進又完善的法規。

一九八九年所頒布的野保法，對野生動物棲息地之保護、保護區之設置、野生動物飼養及利用管理、進出口及罰則等均有詳細規定，並在當時公告約一千多種保育類野生動物，列為重點保護及管制之對象。這部由各種國內外情勢演變下所誕生的新法，在立論基礎與制定精細的程度上，相比早先的法規有大幅的進步，使得社會大眾在面對野生動物這樣的存在時，或多或少能喚起身為公民的責任義務，無形當中產生了明確的約束力，也讓各種民間或政府的開發與建設，在觸及生態問題時能受到一定的規範。同時也促使各級地方政府對生態保育進行應有作為，編列較多經費去鼓勵及補助野生動物保育相關研究，不僅能建立野生動物資料庫，也能成為生態教育的有利教材。

雖然野保法的制定與頒布在初期不一定有立竿見影的成效，但可以確定的是「生態保育」已成為社會大眾生活的一部分，也許在教育推廣仍然不足的地區，金錢與保育衝突的時刻，終究會使人跨過法規的界線，但是至少會令人覺得，危害環境與侵害野生動物已經不是光彩的事情，這是法律在人心中所產生的清楚疆界，也是法律存在的另一層意義。

回首過去，野保法的訂定確實遏止了許多野生動物的濫捕、走私與交易，促進台灣在國際形象上轉變成為保育模範生，而國內陸續設立的國家公園也讓民眾感受到自然生態的美好，許多民間保育團體隨著民眾投入關心保育議題而紛紛成立，在此風氣漸盛之下，不少曾經一度瀕危的野生動物族群回復到接近安全值，只不過在時代的演變下，新的寵物明星物種促使不法之徒產生新的犯罪手法，新興的保育觀念凸顯出更多野保法急需趕上的進步空間。

經濟發展與環境保育的衝突考驗著取捨與轉型的智慧，在這樣的局勢演變下，〈野生動物保育法〉從當時先進的觀念變成了舊時代的產物，有待我們督促，使之再次進化……趁還來得及之前。

歡迎光臨我的家——福山植物園

來了來了，祕林的巴士來了，大家一起跳上去吧！他雖有堅硬的外表，內心卻溫柔無比，還有像山丘一樣的穩重體形，大家都安心搭上祕林的郊遊巴士，沿路聽他訴說他從小到大的神奇故事。

穿伯公巴士

自從上次水旺、水生與其他朋友因為迷路而巧遇穿伯公之後，一向獨居的穿伯公也越來越喜歡來找大家，讓孩子們爬上自己長長的尾巴，載著孩子們探訪他們還沒見過的祕境，講述遙遠的過去給孩子們聽。

第十章

歡迎光臨我的家——福山植物園

一九九〇年（民國七九年）

多年前「保護國際基金會」發表了一系列名為《大自然在說話》（Nature is Speaking）的公益影片，以各類花草樹木，或是土壤與海洋等美麗的大自然元素，作為各段影片的敘述主題，並邀請多位國際巨星幫影片配音，用第一人稱的角度敘述出大自然想對人類說的話，所有影片的主軸皆傳達出一個清晰的訊息：「大自然不需要人類，但人類需要大自然。」藉此喚起人們在利用自然資源時，能夠省思與理解人類其實是受著大自然的滋養才得以延續整個人類文明，所以比起來，人類更需要自然，但卻又同時在破壞自然，是一件多麼無知的自我毀滅行為。

這系列影片在國際上受到廣泛的回響，激起許多人產生自我警惕的保育態度。其中一部關於《花》的影片裡提到：「無論你是畫家、詩人，還是設計師什麼都行，都可以在我這裡取得靈感。可惜，你們低估了我，在你眼中，我只是一朵花。有沒有人告訴你，如果沒有我，你們也會消失？」在《花》的影片如此詮釋下，清楚地表露出每朵花在生態系裡扮演無可替代的關鍵角色，它是每一種植物在自己的生命循環裡重要的盛事，有了花，昆蟲與鳥類甚至蝙蝠才能生存，花朵結出的果實，還能提供許多野生動物維持生命所需，人類也因為花朵而換得經濟上的收獲以及完善的健康，更不用說，各種植物與花朵還帶給整個人類歷史多種美學上的靈感滋養，或是滿足與療癒人們憂鬱不安的心緒。

事實上，花朵還只是植物提供的恩惠之一，各種水生與陸生的綠色植物，行光合作用時衍生出的副產物「氧氣」因為維持了大氣層裡「臭氧」的穩定，減少大量的紫外線對地球上所有生命的傷害，讓地球成為適合各種生命誕生與延續的樂土，因此植物的存在，是現今整個生態系運作的基礎。它讓太陽的光線，從嚴酷轉變為和煦，並且吸收其他生命無法食用的元素，利用這些元素，在各種環境生長成各式樣貌，成為大自然裡的生產者，其中受益最多的即是我們人類。

但或許在這樣仰賴大自然的狀態裡，受四季變換的影響以聽天由命的方式營生，對求新求進步的人類來說一直都是種桎梏，直到十八世紀工業革命興起，人類開始用大量破壞性的方式建設自己的文明，不斷進步的科技克服了大自然的限制，不經思索毫無節度的使用天然資源，成為地球上凌駕其他生物的主宰，因而給許多植物和動物帶來難以挽救的浩劫。

人類的科技進展使得人類自然死亡的速度趨緩，世界人口數量過盛的結果便是大規模的都市擴充，強占了野生動、植物的生存領域，工業發展汙染了環境，農業發展取代了天然森林，自十八世紀工業革命開始至今已經確認滅絕的植物就高達五百七十種以上。

人類在建構自己的文明時，也把文明變成了吞食一切的怪獸，卻忘記這一切是受恩於何處，在還沒理解大自然深藏的價值之前，卻連發現他們存在的機會都失去，直到開始懂得珍惜時，卻也只能用彌補的方式來挽救。這點，從世界各地植物園的發展演變來看，便能夠一窺這種態度上的變化。現今尚存歷史最悠久的植物園，是義大利建於一五四五年的「帕多瓦植物園」，最初是用於種植藥用植物，並配置圖書館與實驗室，進行學術教學以及科學研究，以利於人類文明的方式運作。到了十八、十九世紀，西方帝國主義也紛紛在殖民地設置植物園，對各地的經濟作物如橡膠、咖啡、茶葉等進行管理與研究。

而台灣的「台北植物園」前身，便也是在十九世紀末，由日治時期的「林業試驗所」於台北南門町闢建苗圃，隨後才擴展到植物園規模，同樣作為調查殖民地植物、蒐羅奇花異草和新經濟作物的試驗場。國民政府遷台後，林業試驗所的任務大致仍是對育林、林業經濟、森林經營、森林保護為目標，並且開始在全台各處設置分所，對各地的林相進行科學研究與調查。到一九八〇年代，隨著生態保育的觀念興起，林業試驗所也帶入了對植物保種、育種、水源保護、自然保留區以及植物園區等規劃，其中在一九九〇年設置的「福山分所」其管轄內的「福山植物園」，更是讓現今許多生態愛好者津津樂道。

福山分所現已改制為「福山研究中心」，位於台北、宜蘭兩縣交界處，管轄區域約一千多公頃，區內劃分成「水源保護區」、「植物園區」及「哈盆自然保留區」，海拔高度四百到一千四百公尺，試驗林內保有臺灣地區典型的天然闊葉樹林，年平均氣溫十八點五度C，冬季陰濕多雨，所以此地的福山植物園也被譽稱為雨霧森林。

因為位處海拔五百公尺以上，福山植物園也是全台唯一能夠蒐集、研究並展示台灣中低海拔原生闊葉樹的植物園，由於地利之便，能夠將台灣各地的樹種在此異地栽植，成為台灣原生樹種重要的基因保存庫，極具學術研究與教育功能，是生態研究觀察的優良場域。

為了讓生態保育工作能夠貼近社會大眾，福山植物園於一九九三年正式對外開放。為避免過量遊客進入園區，對自然環境造成不可復原的干擾，參訪的遊客需事先登記，以總量管制的方式開放遊客進入，入園參觀時間限制在上午九點至下午四點，避開晨昏時間野生動物覓食活動高峰，並且每週休園一天，每年三月休園一整個月，讓園內的動、植物在無遊客干擾的狀態再次過著原有的生活。

此外，園區內不販售飲食更不設置垃圾桶，除了避免因為處理不當造成水源汙染，也避免干擾野生動物的覓食習性。低度開發的營運模式，讓遊客參訪體驗的品質提升，在群山圍繞的空間裡忘卻塵囂，在許多野生動物棲息的環境中與自然同調，因為處在這樣的生態寶庫，身心因此感到舒暢。如此的營運管理是福山植物園賦予了這時代裡，植物園在保育和教育功能上良好的典範，實現了人與自然和諧共處的理想。

由於福山植物園多層次的植物生態，使得動、植物種類豐富，加上低干擾的適度開放，使得園區內的野生動物，雖懂得與人保持距離，卻又時常在遊客面前大方現身，像是山羌、台灣獼猴、小鸊鷉、藍腹鷴等都是園內常見的野生動物。由於能就近觀察這些野生動物在自然環境裡的生活實況，因此吸引許多生態研究者長期在此進行調查，讓福山植物園成為不少碩士與博士的產地，而這就是因為對環境友善的態度所帶來共存共榮的結果。

「植物與野生動物才是福山植物園的主人」是植物園裡資深的解說員每次帶團解說時必會強調的重點，這種尊重自然的謙卑態度，是上個世紀的植物園所沒有的全新觀點，是台灣當代在生態保育理念上的進步，以及對大地強取豪奪後的反省與彌補，因為開始發現失去太多，才更想要珍惜愛護。植物園的品質需仰賴經營管理的態度，也需要參訪遊客的保育素質，在全球過度開發、氣候變遷的影響下，地球活力不斷衰減，植物園就成為動、植物的方舟，保存著人類世世代代的生存關鍵。

每當福山植物園的夜幕降臨，遊客回到自己的文明居所，森林再度變成野生動物的王國，但這裡沒有實際的國王，豐富的植物林相提供各種生命需求，白天活動的動物入夜之前在森林裡找到安穩的棲所，而食蟹獴、麝香貓、白鼻心等多種奇幻的夜行性動物，輕悄悄的現蹤覓食，相互競爭的關係維持著生態系巧妙的平衡，看似各取所需，卻是大自然裡動物、植物的互助合作。

牽一髮動全身，是現今人類需要審慎思考的課題，每當旭日東升，福山植物園一如往常的開放，迎接前來感受森林氣息的十方遊客，來來去去之間，保育扎根，或許不遠的將來，大眾與自然的連結更加緊密，也會更珍惜這樣的繁榮家園。

未來的根、希望的芽——珍古德

失去家園，失去至親與同伴，然後失去了自由……

我不知道這些異族為什麼這麼恨森林，又奪走我們的生命？但這些異族中好像也有十分不同的種類，他們理解我的哀傷，甚至拯救我，還給我自由又帶我重回森林。我與她相擁，我喜極而泣。

生命的相擁

一九六〇年代以前，西方學界認為人與動物是截然不同的存在，普遍認定動物只有本能，既不如人類般聰明也不具備複雜的情感意識，直到珍古德從非洲岡貝將黑猩猩的研究帶到文明世界，震撼了西方學界與社會，這條人與動物之間的疆界才被打破。

第十一章

未來的根、希望的芽——珍古德

一九九一年（民國八〇年）

全世界的動物之中，與人最相似的莫過於黑猩猩，無論是腦部結構或是基因序列，都比其他生物要來得更接近人類。雖然早在二十世紀初就有黑猩猩在實驗室的行為研究，但是黑猩猩在野外的實際生活樣貌，一直都是非洲森林裡的神祕謎團。

野生黑猩猩的田野調查並不容易，許多的困難不是一般學者願意去挑戰的。首先，二十世紀初期，在野外的黑猩猩並不熟悉人類這種生物出現在自己的家園，所以戒心極高，入侵黑猩猩的警戒範圍也相當具危險性，因此沒有學者專家有把握能接近黑猩猩並進行長時間的詳細記錄。此外，非洲的森林隱藏著許多致命的危險，瘧疾、肉食性猛獸、艱困難行的叢林地險以及潮濕高溫的氣候等，都是這項研究的挑戰。

直到一九六〇年代，出現了一位熱愛動物、喜歡花時間與各種動物相處，並有卓越觀察力的英國年輕女孩珍古德接下了這項挑戰。當時年僅二十六歲的她以過人的勇氣和毅力，在非洲岡貝野生自然保護區裡，經過半年與當地野生黑猩猩族群逐漸熟悉後，終於開始有了更接近觀察的機會，並將黑猩猩謎團般的野外行為，一點點的揭開。

許多重大發現令當時科學界震驚，例如黑猩猩會使用樹枝伸進白蟻窩釣出白蟻來食用，有時也會將新折的樹枝上多餘的葉子摘除，讓它更適合伸進蟻窩以便釣出白蟻。這項觀察紀錄證明了黑猩猩有製作工具來使用的能力，而人類也不是當時學界普遍認知的那樣，是唯一會使用工具的生物。

野生的黑猩猩不是只吃嫩葉與水果，還會集體狩獵小型動物甚至是猴子來食用，說明了黑猩猩屬於雜食性，並且能運用相當多種肢體、聲調及臉部表情溝通，才能在有組織系統的安排下進行分工方式的團體狩獵，顯示出黑猩猩不僅有高度的智能，更有複雜多樣的階級結構。

珍古德從非洲岡貝傳出來的研究觀察，不只是令科學界驚訝，也讓當時西方社會感動。當珍古德的研究調查在岡貝進行到第十年時，出版了第一本書《我的影子在岡貝》，書中記錄著有關於她前往非洲坦尚尼亞的曲折過程，與在非洲森林觀察黑猩猩生活的點滴，同時也將黑猩猩許多與人類相似的驚奇發現，呈現在世人面前。當時的《時代周刊》（*TIME*），讚揚此作是自然史上最優秀的田野調查之一，是文化中的重要里程。

珍古德不僅成為了研究野生黑猩猩的先驅者，觀察到黑猩猩擁有自己代代相傳的生存文化，她更將觀察記錄的每隻黑猩猩都取一個貼切好記的名字，這在當時是極具顛覆性的做法。要知道，一九六〇年代，動物行為學的研究方式相對今日十分呆板僵化，當時的學界普遍認為動物和人類之間有著清楚的界線，人是高高在上的存在，不認為動物有複雜的思維或豐富多變的情緒，更別說認為動物有自己的性格，所以不認同將研究的動物對象取名字這種擬人化的方式，應該使用字母與編號去記錄，才能客觀的呈現事實。

然而或許正因為珍古德是這樣沒被傳統學術邏輯捆綁，她的恩師路易士．李基博士才如此看好她，並給她能夠對熱愛的動物研究一展所長的機會。事後也證明，珍古德為她所觀察的黑猩猩族群取上個別的名稱，有助於她在觀察時能夠清楚的記憶與分辨每隻黑猩猩的社會階級、獨有的行為模式、黑猩猩彼此之間的關係網絡，以及每隻母黑猩猩與小黑猩猩那極為令人動容的親子關係。

當這些有如戲劇般的發展，透過書本介紹給世人時，不只是人與黑猩猩之間毫無關係的界線被打破，更讓讀者透過珍古德那敘述黑猩猩就像在介紹她的朋友的方式，更深刻的認識了書中每隻黑猩猩的生命歷程，才使得黑猩猩的研究，在當時的西方社會造成前所未有的關注，並且更加相信動物是有感知的個體，重視動物福利的觀念也開始萌芽。

珍古德從一九六〇年開始研究黑猩猩，一投入就是六十年，從初期的獨自調查，到後來陸續有助理加入、攝影師跟隨、各界的物資與金援挹注，並在一九七七年創立珍古德野生動物研究保育基金會，從一介無名、學歷僅高中畢業的研究助理，到成為動物行為學博士，榮獲多項生態保育界及學術界大獎。這一路走來，除了珍古德博士自己的努力，她也總是不斷地感謝許多幫助她的政府機關、學術單位、研究助理等後來與她的研究生涯密不可分的人們，其中最令她感謝的是她的母親。她時常在演講中提到，若沒有母親的陪伴與支持，她可能無法前往岡貝進行研究，也沒有決心走上追尋夢想的路。

珍古德出生於一九三四年，家境並不富裕，從小就對身邊的各種動物充滿好奇心。一歲半的時候，某日她將花園裡的蚯蚓帶進了房間觀察，她的母親見到後並沒有急於責難或是憂心眼前的髒亂，而是理性的跟小珍古德說：「他們在這裡是活不了的，妳得把他們放回土裡。」

珍古德的母親從未遏止她對動物的好奇心，在每次的突發狀況中，母親總是睿智又有耐心的讓她發展自己的興趣。因此，珍古德在十歲的時候閱讀了有關非洲的書籍，裡面有著她最愛的野生動物，從此她便對非洲無比嚮往，立下志願長大要前往非洲觀察動物，並寫下有關他們的故事。

但是，一九四〇年代，西方女性的社會地位與男性有明顯落差，絕不可能與科學研究沾上邊，更不用說是成為科學家甚至出版書籍。然而她的母親並沒有勸她打消念頭，而是跟珍古德說：「如果妳真的想要完成這些事，真的必須非常非常努力，妳必須把握每次機會，不能放棄。」由於母親的激勵與支持，使珍古德更加有動力去達成自己的心願，最後證明她的確做到了，並以這樣的信念，繼續挑戰隨著時代發展接踵而來的各種難題。

二十世紀初，野生黑猩猩的數量約兩百萬隻；到了一九八〇年代，少了將近九成，主要的原因是黑猩猩在非洲赤道下的森林棲地，因國外的伐木與礦產公司大舉入侵而減少，摧毀了更多的森林，也帶來會感染黑猩猩的傳染病，並改變當地人長久以來的生存方式，刺激當地野生動物肉品交易，導致更多野生動物遭到當地居民獵殺以謀求溫飽。

許多黑猩猩族群也遭受滅族，成年黑猩猩死後成為肉品，活下來的小黑猩猩，在目睹族人與母親遭受屠殺後，還要被送入寵物交易市場，在整個過程中身心受到極大磨難，存活下來的小黑猩猩屈指可數。在這樣的局勢下，珍古德終於決心從研究學者，轉變成為生態保育的一份子，起初是為了她最愛的黑猩猩而奔走，成立了動物庇護所和黑猩猩動物園，收容那些從走私集團查獲的年幼黑猩猩，最後她更將目標放到改善人與自然環境的關係，因為她堅信人類也是自然界的一員，當提到動物保育，人類的需求同樣不能避免。

以非洲赤道下的區域來說，保育黑猩猩的根本，是要解決棲地裡當地村落的貧窮問題。赤道森林裡的各個社區，因人口增加超過土地負擔，卻窮到沒有錢買食物，掙扎著求生，因此她與坦尚尼亞政府合作，推動當地教育，讓更多孩童有就學機會，越多居民接收到保育觀念，越能理解森林永續利用的好處，並協助改善當地醫療水準，提升居民生活品質。

不只如此，珍古德於一九九一年發起了「根與芽」的全球計畫，透過她不斷到世界各地進行演講，帶著非洲黑猩猩的問候聲，宣揚著保育理念，曾經好幾年，每年有三百天她都在世界各地推廣環境教育，把眾人在非洲一起齊心合作、改變雨林危機的例子告訴全世界，只要做出改變就會產生希望，環境仍會恢復生機。台灣的珍古德協會也於一九九八年成立，同樣推廣著根與芽計畫，促成全台多所學校參與。

因為全世界各地的生態環境皆面臨危機，所以根與芽的計畫是串聯全世界的年輕人，以校園或社區為基礎，鼓勵青少年朋友走出戶外，走入自然，培養大家對於生命的尊重和同理心、促進對彼此文化和信仰的理解、鼓勵每個人主動為愛護動物和改善環境作出行動。

珍古德已年屆八十七歲高齡，仍不斷持續為生態保育奔走，她認為世界各國對環境的傷害，就是在傷害年輕人的未來，而世界若能幫助年輕人一起改變，未來就有希望。她曾說：「根，可以向地底無盡的延伸，形成穩定的基礎；芽，看起來雖嬌小脆弱，卻能夠為了尋覓陽光而突破土石。如果地球現在所面臨的種種困難是一道堅固的城牆，那麼遍布世界各地的千萬顆種子一旦生根發芽，就能衝破城牆，改變世界。」

今日的台灣，保育觀念雖有所提升，但更多問題也隨之被看見，仍有待我們作出行動去改變與彌補，就像珍古德母親所說的那樣，我們真的需要非常非常努力，把握機會，不要放棄！

槍擊後重新飛舞的濕地——黑面琵鷺

祕林的濕地裡有魚有蝦，還有很多天空的朋友在這裡飛來飛去，他們很多都有長長的雙腳，所以走在濕地裡不會弄濕身體；還有些朋友每年都從遠方飛來，有著黑黑的臉和長長扁扁的嘴，聽說很久以前只有飛來幾隻，後來每年越來越多隻，可能他們都很喜歡這片美麗的祕林濕地。

險鷺逢生

生態保育與經濟發展的矛盾衝突，是每個國家都會面臨的議題，而每年飛來台灣渡冬的黑面琵鷺，也曾有過一段晦暗哀傷的保育進程；九〇年代全球數量不到三百隻的黑面琵鷺，卻在一九九二年於台南七股遭到槍擊，一夜之間瀕危的黑面琵鷺族群就折損了至少二十隻。

第十二章

槍擊後重新飛舞的濕地——黑面琵鷺

一九九二年（民國八一年）

濕地，是台灣人熟悉又陌生的名詞。熟悉，是因為它遍布台灣北、中、南內陸與海岸；陌生，是因為它在一般人的眼中，像是片荒蕪的沼澤難以親近。因為看似無用，所以經常被相中而作為工業區、住宅區、魚塭等用途，或是成為各縣市政府選用為垃圾、工業廢棄物的堆置場。時常因為地理位置偏僻，人煙稀少，使用上較無爭議，成為了都市與經濟開發下理所當然的犧牲品，我們也因此失去了許多寶貴的濕地生態。

台灣由北到南的重要海岸濕地，有北部的關渡、客雅溪，中部的大肚溪以及南部的曾文溪。濕地形成的方式主要是因為，台灣高山大多縱貫南北，山上溪流因此呈現東西流向，西部地形較為平坦，因此河川的中下游，常態性的夾帶大量泥沙，沖刷到河海交界之處，堆積成為泥灘地，便形成寬廣的沼澤濕地。

從遠處觀看，除了沿岸的植被與水生植物，只見一大片混濁泥水，但其中卻蘊藏著許多有機營養，促使了多種生物利用，大量的魚、蝦、蟹類、龜鱉類、貝類還有藻類繁衍生長，形成了容易被人忽略的豐富生態世界。正因為如此，全台的濕地，是許多鳥類賴以維生的棲所，吸引成千上萬的候鳥遷徙來此，開起每年一次的同樂會，而這場盛會的提供者，台灣濕地，每年不負所望的敞開雙臂迎接他們的到來。

其中位於台南縣七股鄉南端的曾文溪口，有著台灣本島最西端的濕地，每年十月吸引上千隻聞名國際的黑面琵鷺來此落腳渡冬，一待就是將近半年。這段時間，黑面琵鷺會在曾文溪口，享用濕地或周邊魚塭裡豐盛的魚蝦，恢復他們因往南長途飛行而耗費的體力；並在這段時間休養生息，在濕地洗浴身體，與同伴在岸邊嬉戲，直到溫暖的三月來到，便會開始積極覓食準備啟程北返。

黑面琵鷺，因其扁平如飯勺狀的長喙很像樂器中的琵琶而得名，又因從面部到喙部呈黑色，愛鳥人士稱之為「黑面舞者」或「黑琵」。他們通常在水深約二十公分的淺水區域，用飯勺狀扁長的嘴喙在水裡微微張開，並以邊走邊左右掃動的方式搜尋水中的魚蝦，時常能看見一小群黑面琵鷺集體覓食，模樣優雅又帶著幾分逗趣，是賞鳥愛好者們忘我觀賞的原因之一。

黑面琵鷺台語稱作「烏面撓杯」或「飯匙鵝」，算是在地人觀察黑面琵鷺的覓食方式，又與生活物品連結而得的名稱，唸起來還頗有幾分生動傳神的感覺。

黑面琵鷺是六種琵鷺中體型最小，卻也是數量最稀少、屬於全球瀕危物種之一。早期對黑面琵鷺的了解甚少，後來隨著研究方式的進展，發現黑面琵鷺在北方的繁殖棲地，主要是南北韓交界、中國與日本高緯度的區域。每年黑面琵鷺會在北方配對繁衍下一代，當北方的時序進入秋天後，會開始陸續往南遷徙到台灣、香港、海南島與越南等地渡冬，而台灣是黑面琵鷺數量最多的渡冬地，每年十月飛抵台灣，隔年三、四月再飛回北方的繁殖地，屬於冬候鳥。一九九〇年代初期，黑面琵鷺全球數量粗估不到三百隻，令許多專家學者與東南亞的愛鳥人士憂心，因此在各地愛鳥人士相互合作的努力下推廣濕地保育的重要，終使黑面琵鷺的數量逐漸增加。二〇二〇年黑面琵鷺的全世界普查已達四千八百六十四隻，突破往年紀錄，台灣占其中的兩千七百八十五隻，將近全球總數量的六成。現今來台的黑面琵鷺分布於雲林、嘉義、台南、高雄等地濕地，而台南曾文溪口的濕地，當年就占一千八百三十九隻，一如往常是全世界最大宗，也是國際上保育黑面琵鷺重要的濕地之一。能有這樣的保育成績，其實一路走來並不簡單。

民國七十三年開始，台南縣政府在曾文溪口北岸闢建堤防，並將北岸的濕地開發成為海埔新生地，面積達八百多公頃，河口周遭也有居民賴以利用的鹽田與魚塭，因此，警戒心高的黑面琵鷺，早期來台渡冬只好選擇溪口中央的浮覆地棲息。由於當時全球的黑面琵鷺數量不到三百隻，在曾文溪口渡冬的黑面琵鷺數量約一百多隻，體態又與白鷺鷥相似，因此難以被學界或賞鳥界注意。

雖然早在一九八五年就有愛鳥人士在曾文溪口發現黑面琵鷺的蹤影，但或許因為愛鳥心切，消息僅在少數同好間流傳，但隨著社會保育意識逐漸抬頭，許多民眾也紛紛加入賞鳥活動，目擊黑面琵鷺的紀錄開始零星的出現。怎料一九八六台南縣政府提出「七股地區綜合開發計畫」，把七股瀉湖及黑面琵鷺棲息地規劃為七股工業區。此項計畫，獲得不少七股當地人士與鄉長支持，認為能為七股帶來繁榮，便開始配合台南縣政府進行評估工作，但當地那些期盼著開發能帶來好日子的人們，卻被之後開始的黑面琵鷺保育聲浪阻礙了夢想。

一九八八年，香港觀鳥會致函中華鳥會，希望協助提供台灣黑面琵鷺的資料。約莫一年後統計出，當時全世界黑面琵鷺族群總數量僅存兩百八十八隻，而台灣的曾文溪出海口是最大的渡冬棲息地，數量約有一百九十隻之多，因此引起國際保育團體關注。世界野生動物基金會、國際鳥類保護總會，與亞洲濕地保護學會在內的三十幾個國外機構，紛紛致函台灣主管野生動物保育的農委會，希望設法保護黑面琵鷺以免滅絕。野鳥學會更發起「一人一信拯救黑面舞者」的活動，約有兩萬多人寫信響應，希望勸阻台南縣政府開發工業區。

當時台灣因為犀牛角交易和野生動物走私等罪名遭受國際撻伐，正想極力擺脫「野生動物殺手」的負面形象，便立即在一九九二年，以〈野生動物保育法〉，將黑面琵鷺列為第一類瀕臨絕種保育類野生動物，並委託台南市野鳥學會進行為期三年的現況調查。

這樣的公告等於宣判了七股工業區的實行將暫停，期盼工業區計畫的支持者夢碎也不滿，認為只因「幾隻鳥」為什麼能影響工業區開發？部分人士甚至揚言若工業區興建不成，就要到河口下毒的激進言論，可見當時整個社會輿論與地方發展的衝突和矛盾。

事實上，民國八十年起，台灣的土地與勞動成本已開始增高，許多工廠紛紛外移，加上曾文溪中、上游工廠林立，廢水排放問題也有待改善，因此當年就算沒有渡冬的黑面琵鷺，七股工業區的環評報告也仍然過不了關。

遺憾的是，同樣在一九九二年，正當國際保育團體來台調查虎骨與犀牛角時，卻發生了黑面琵鷺被槍殺事件，全球僅存兩百多隻的黑面琵鷺，一夕之間少了至少二十隻，更是引發國際關切以及台灣社會大眾錯愕，因此保育黑面琵鷺的聲浪來到高潮，農委會為維護我國的國際保育形象，特派專員南下調查，國內各保育團體也全力投入黑面琵鷺的保育工作。

民國八十六年台南縣市的保育團體共同組成國際黑面琵鷺保育中心，其中也有不少七股鄉民。或許危機也成為了轉機，黑面琵鷺遭受槍擊的悲傷事件，直接激起了國人的關心與好奇，幾年之間，每到假日便可見到民眾攜家帶眷，來到七股想一睹黑面舞者的風采，偏僻的曾文溪口，堤防邊停滿車輛，當地人也開始轉變，對黑面琵鷺的敵意換成了望遠鏡，槍擊聲變成了快門聲，責罵聲也轉變成解說濕地生態的導覽聲。

黑面琵鷺的遷徙，打破的不只是國土的疆界，也突破了台灣人與野生動物的隔閡，啟發台灣人思考對土地利用的因果關係，歌手陳昇也在當時為七股的黑面琵鷺編寫了「黑面鴨要報仇」來呼應這段國際事件。國際知名保育學者珍古德也在一九九八年到過曾文溪口觀賞黑面琵鷺，隔年，美國《國家地理雜誌》（*NATIONAL GEOGRAPHIC*）首度刊登瀕臨絕種的黑面琵鷺在七股曾文溪口的照片，並報導維護濕地環境的迫切性。

二〇〇九年台江國家公園成立，是一座社區發展與環境保育共生的國家公園，也是以濕地為主要內涵的國家公園，其中有紀錄的鳥類將近三百種，七股的黑面琵鷺保育區便在其中，提倡當地居民，以水深約一公尺以下的淺坪式魚塭來養殖虱目魚，魚塭休養卸水時並不會將水卸光，好讓魚塭中的小魚、小蝦仍有存活空間，黑面琵鷺便因此能利用這樣的環境覓食，是一種「人用半年，鳥用半年」的體貼。二〇一三年，保育成果也獲得了國際上最大的鳥類保育組織「BirdLife International」認同，受頒國際保育獎。

鳥類保育人士常說「今日鳥類，明日人類」，河口濕地的環境維護，受惠的不僅是黑面琵鷺這種國際知名的候鳥，更有助於其他鳥類繁衍，整體的生物多樣性也有難以估量的生態服務在運作，常可見到黑面琵鷺身邊跟著大白鷺、小白鷺互助覓食的動人景象，就是其中一種表徵。

而今雖然看似保育有成，但是在時代進展下，各種問題仍不斷產生，像是環境汙染、綠電開發、魚塭轉型或是遊蕩野犬入侵濕地等，都是這片濕地現在及未來的隱憂。黑面琵鷺是環境變動的重要指標，若他們世世代代，每年都還會大批成群的回到這裡渡冬，飛舞嬉戲，才是我們留給後代的幸福資產。

野保法之後的動物醫護——野生動物急救與收容

祕林的聚會結束了，水鹿伯啟程要回去山上的家，因為不知道下次相聚是何時何地，很多同伴都陪著他一起走到山腳下。道別前，水鹿伯說我們該飛的就飛，該爬樹的就爬，該游水的就游，就像他也有該去的地方，但我們都是祕林的一部分，就算見不到面，依然同在一起。

跟著水鹿伯

美麗的大武山下，屏東科技大學校區內，有著全台最大的保育類野生動物收容單位，是為了因應自一九八九年〈野生動物保育法〉實施後，所查緝到的許多走私或非法飼養的保育類野生動物，協助收容與提供飲食、醫療照養，是台灣當代野生動物保育史上重要的里程碑之一。

第十三章

野保法之後的動物醫護——野生動物急救與收容

一九九三年（民國八二年）

台灣的野生動物保育思潮，萌芽期在一九八〇年代，當時台灣因為是犀牛角、象牙、虎骨等野生動物產製品的消費大國，間接造成國際上非法貿易猖獗，所以遭受歐美國家的政府和保育組織關注；加上國內的新聞媒體與報章雜誌，陸續揭露了許多環境汙染及生態破壞等問題，使得民眾保育意識逐漸增加，因此當時政府在國內外的保育聲浪壓力下，順勢制定了〈野生動物保育法〉，並在一九八九年頒布施行。

當時公告約一千九百多種保育類野生動物，列為重點保護及管制對象。因為野保法的執法成效，幾年之內，許多野生動物的非法活體與產製品走私交易被查緝，當中不少都是因為野生動物的寵物市場尚未消退，而離開原生國的紅毛猩猩、長臂猿、馬來熊等中、大型野生動物。這些野生動物，不僅被迫遠離家園，更因為野放條件不易達成，只好在台灣相關單位的安排下，永久居留在異鄉。

隨著查緝到的野生動物數量增加，農委會在一九九〇年代初，委託台北市立動物園、特有生物研究中心、屏東科技大學等學術機構，成立動物收容中心。而坐落於台灣南端，北大武山下的「屏東科技大學保育類野生動物收容中心」，在一九九二年成立，是台灣現行的收容單位當中，規模最大、投入資源也較多的一個。起初成立是為了協助收容外來種野生動物，之後也開始收容因非法獵捕或販賣，經由各縣市政府查獲的本土保育類野生動物，一九九三年開始至今，曾收容與協助的野生動物已超過五千隻。

收容中心內設有行政、照養、獸醫、研教四組，各司其職也經常相互交流溝通，隨時為中心內每隻動物做身心健康的評估，除了能替生病或年老的動物對症下藥，設計均衡飲食，還要讓居住在此的動物們，都能夠在有限的條件下，過上最舒適的生活。畢竟中心內將近八百到一千隻的動物，都注定在此終老，為了不讓動物出現刻板行為，收容中心的照養員會盡可能增加動物生活環境裡的豐富度，例如大型動物的餵食方式，從不是只求餵飽就好，而是會在每次餵食時，將食物隨機分散擺放，讓大型動物能滿足探索的天性；或者是像猿猴類這種智能較高、社會行為較多樣的野生動物，中心還會不定期自製富有遊樂或運動功能的設施，讓這些動物就算被圈養，也能發揮攀爬跳躍的本領，或是充實他們的社交活動。這種對動物福利絕不馬虎的理念，讓屏科大保育類野生動物收容中心，不僅是全亞洲規模最大，也是動物收容品質的理想標準。

「天大，地大，屏科大」是屏東科技大學的教職人員與學生，對校區的自我戲稱，反映出屏科大校地是全國之冠的事實，就連當初在規劃野生動物收容中心的用地時也十分慷慨，中心坐落於屏科大學校園內的西北角，占地約二點五公頃，是塊不算廣大卻也不小的土地面積，使得之後收容中心能在硬體的規劃上，發揮出良好的運作，有助於增加安全性與照養功能。

由於就在屏科大校區內，占有地利之便，收容中心經常密切與屏科大獸醫系合作，提供獸醫系師生第一線的豐富臨床診療經驗，培育出許多具有治療野生動物能力的獸醫師，也讓收容中心內的每隻動物，身心健康都有更好的保障。

而說到野生動物的醫療照護，在台灣南投的「特有生物研究保育中心」旗下深藏許多優秀的生態研究單位，其中的「野生動物急救站」是全國首處保育類野生動物救傷的專責單位，成立於一九九三年，同樣因應在〈野生動物保育法〉實施後，本土的非法野生動物獵捕與飼養破獲案件增多，加上民眾保育觀念漸增，若有遭遇受傷的野生動物或疑似失親的幼雛、幼獸，也開始會通報正當管道尋求協助。例如全國各地鳥會、動保處或消防單位，都是民眾第一時間會運用的民間與政府資源，這些全國遍布的保育團體與主管機關，形成了一套應變系統，引導或協助民眾，在第一時間處理野生動物的急難狀況，若有極度瀕危的保育類野生動物受傷或失親，需要更全面的醫護協助，就會安排送往像野生動物急救站這樣，醫療經驗豐富、具專業設備的救傷單位，才能確保本土珍稀的野生動物，在受傷後有較高的治癒率，並且還能夠有一天重新回到野外的家園，多替他自己的族群增加生力軍。

野生動物醫療是極為不易的專業領域，雖然不像一般寵物醫療，會有個寵物飼主在旁監看，但是野生動物的傷病狀況不但千奇百怪，更具有危險性。落巢的幼鳥、受困鳥網的猛禽，都算小事一件，還要面對車禍受傷的、捕獸夾夾傷的、被黏鼠板黏到或是受了傷卻無法吃飯的，這些觸目驚心、令人無法直視的意外事件，時常會發生在不同野生動物身上，所以全仰賴經驗豐富的獸醫師們與照養團隊，隨機應變，量身訂製，讓不同個體都能在與傷病的拔河下增加贏得健康的機率。

投身於此的獸醫師和照養員們都是滿腔熱誠，對動物有一份單純的喜愛，兼具感性與理性，付出許多時間心力只希望動物都能恢復最佳狀態，還要在動物的狀況已經回天乏術了之後，接受無常，重新振作，繼續守護其他動物們的健康。

野生動物急救站內所照顧的動物，多半是民眾發現後通報縣市政府，再轉送進來，或是民眾主動聯繫，經過諮詢與評估後再自行送到急救站。而來到急救站的野生動物，受傷的原因，多半都是人為因素造成，其中不乏慘烈的案例，像是二〇一二年，苗栗縣政府接獲民眾報案，表示有人在山區架設陷阱，勘查人員到現場蒐證時，竟發現陷阱旁有一隻奄奄一息的雌性台灣獼猴，隨即送至野生動物急救站救治。

昏迷的母猴左腿有被套索勒傷的傷口，且全身多處擦傷，臉部大量瘀血，更嚴重的是頭顱骨折，腦部功能可能受損，所以陷入昏迷。據獸醫師經驗判斷，母猴應該是中了陷阱，卻因為不是獵人想要的獵物，所以為了解開陷阱，以致命的力道重擊母猴頭部，再將她棄置一旁，並重新設置陷阱。

起初急救站只能以點滴維持母猴身體機能，母猴雖在隔天甦醒卻仍無法動彈，而且視力失去功能。無法自行進食的母猴，初期還需要醫護人員用流質食物餵食，所幸母猴在急救站的悉心照料之下，發揮了野生動物的韌性，約一週之後，開始能翻身或跌跌撞撞的移動身軀；三週後狀況持續穩定，也能自行進食，但是手腳不協調的情況依舊，於是特生中心便主動聯絡竹山秀傳醫院，為她進行腦部斷層掃描，更邀請彰化基督教醫院的神經外科醫師，提供專業意見，就這樣，在眾多專業醫療的幫助與急救站醫護人員的協助復健之下，大約一年後，這隻不幸中陷阱遭人類打傷昏迷，又歷經人間奇幻旅程的台灣獼猴，終於恢復視力與靈活自如的手腳，在眾人的祝福下重回屬於她的森林家園。

當然，急救站內較溫馨的個案也是有。二〇一六年，一位好心民眾從盜獵者手中買下一隻穿山甲交給縣府，後來輾轉送到野生動物急救站；因為這隻穿山甲胸部的毛很長，還被急救站人員偷取「胸毛妹」這個代號。當時胸毛妹的右後腳潰爛且散發出惡臭，推測是中了捕獸夾後被盜獵者捕獲，傷口因為拖延時間過久而惡化，不得不截肢保命。雖然失去了一隻右後腳，卻在調養一陣子後日漸康復，而且還在野放前三天，照養員意外的發現，胸毛妹生下了一隻小穿山甲，可說是險中求生後的甜美果實，也讓台灣又多了一隻穿山甲。

從那天起，胸毛妹的野放日子便延後，直到小穿山甲斷奶並能夠自主進行探索活動，再經過審慎評估，確定胸毛妹照顧小穿山甲的行為已經結束，就慎選野放地點，先行將胸毛妹野放，而小穿山甲也在急救站生長茁壯後，接續媽媽的腳步回到了野外。

野放，一直是急救站除了復育工作外，另一個最主要的目標，所有的獸醫師與照養員，對野生動物的愛，就是希望他們都能重回野外自在生存。但無奈，台灣的淺山環境，不僅遭受大量不當開發，人與野生動物的衝突不斷產生，就連深山野嶺，也埋伏著盜獵者的陷阱，所以急救站每年救治的動物高達六百隻以上，每隻都需要經過醫治、復原、訓練才能再評估野放與否，而許多缺翼、殘肢或已經缺乏求生本能的野生動物，也只能終身收容在急救站內，成為急救站的醫護團隊每天必須肩負起的責任。

不只如此，在社群媒體運用廣泛的時代，急救站同仁為了分享站內大小事，讓更多人知道野生動物面臨的危機，還要身兼美術設計與小編，經常在網路上發布各類救傷與野放案例，並且定期配合學校機關，舉辦站內的參觀導覽，或是校外的宣導活動，讓保育觀念深植大小朋友心中，用盡創意與有限資源，為的就是希望人與野生動物的距離更加貼近，善待野生動物與環境的力量，在人間越來越壯大。

野生動物的救傷及收容，仰賴的不是只有場地和器材，最重要的還是那些賦予硬體設備靈魂能量的醫護團隊，他們的存在，支撐著台灣整體生態的健全，成為各種野生動物維繫族群生存的後盾，一次次的急救，都是在彌補人們對野生動物的傷害，一次次的野放，都成為守護台灣生態健康的希望。

這些喜愛動物，離開都市、隱身於鄉村工作的人們每天與動物為伍，雖然負擔很甜蜜，忙起來時卻連喘息時間都少。但近年來，政府用在生態保育相關的經費逐漸下降，民國一〇六年，林務局在「野生動物保育」計畫中僅分配到六千多萬，與民國九十五年相比，足足少了兩億多元，在這樣的預算分配下，野生動物急救站一年只能運用約不到三百萬元的預算。

諷刺的是，隨著民眾保育意識的普及，送至急救站救治與收容的動物逐年增加，而野生動物治療、照養、訓練的過程不只漫長，又亟需醫療耗材與人力，資源的吃緊，每天考驗著急救站的團隊，因此來自民間的主動捐款、捐物資，也是急救站營運當中的重要助力。只不過這些經費短缺的難題，普遍存在於全台各地保育相關的公家機關和民間組織，大家還必須在本業之外各憑本事來獲得民眾關注，替自己的業主——野生動物——謀求最大利益。

然而，若政府對環境破壞、野生動物盜獵、野保法執行上的欠缺等問題，沒有更積極的作為，這種一邊在補救，另一邊卻還是持續製造問題的狀況，有再多的預算、再多的民間愛心，仍然只是在消耗台灣最美的風景，還有台灣的未來。

培利修正案後的野保法——野保法三十年

生命是黑暗中的光
舞動中的念想
用慈愛凝聚照亮世界
以善習滋養廣施眾生

生之舞

一九八九年〈野生動物保育法〉頒布施行後，三十年間，台灣確實有許多野生動物得到了喘息的機會，就像一隻原本緊縮成球的穿山甲，終於可以暫時鬆開自己的四肢，重奔大地。但是時代演變，野保法面臨了更多新挑戰，野生動物在台灣的未來也逐漸不明。

2016.06

第十四章

培利修正案後的野保法——野保法三十年

一九九四年（民國八三年）

野生動物的定義，是因為相較於人，野生動物需要的生存條件與人大不相同，對人來說，極為天然原始的不便利環境，對野生動物卻是最適宜的。

陸域的野生動物需要森林提供遮蔽及覓食環境；海洋的野生動物需要寬廣的海域，追隨洋流，利用潮汐；兩棲類與溪流生物，需要高濕多雨的氣候和有機健康的水質。野生的動物、植物在利用天然環境生存與繁衍的同時，也在替整個生態系統進行難以量化的生態服務，無形之中，讓地球成為資源豐沛的世界。

千百年來，追求文明發展的人類，受惠於自然，利用天然資源，不只成為了生態系的頂級消費者，更逐漸成為了地球資源的分配者，因為是「高高在上」的存在，所以與動物之間畫起了清楚的界線，「野生動物」便被歸類成只有本能、沒有感知快樂悲傷的能力，是毫無情緒波動的生物。到了十八世紀的工業革命開始，這條人與野生動物的界線，將人類的文明推往躍進式的發展，在毫無生物多樣性及永續利用的觀念下，付出的代價是數量難以估算的野生動物、植物，永遠消失在這個星球。

直到大約二十世紀中，自然科學的相關研究愈加發展，開啟人們的視野，加上影視媒體的宣傳效果，更多的人能藉此一窺自然的美麗與奧妙，促使許多人成為環境保育的行動者，並更加關心野生動物的生存狀況，尤其是瀕危的野生動物。因此歐美國家各地的民間力量紛紛組成保育組織，不僅要推廣保育理念，還要國家政治不能置身事外，促進立法規範生態資源的利用，保護瀕危物種。在這樣的進展下，國際之間的野生動物產製品貿易，也開始被關注並有限度的禁止，像是犀牛角、象牙這類由殘忍手段獲得，並且會加速該類野生動物滅絕的產製品，讓歐美國家大動作出手保護。

一九八〇年代，台灣就曾是國際間犀牛角走私的重要集散地，因而被「英國環境調查協會」指責是犀牛終結者。國際上督促台灣政府盡速改善的聲浪伴隨著可能的貿易制裁，加上台灣民間的保育團體支持，台灣首部以野生動物保育為目標的法律〈野生動物保育法〉就在一九八九年正式誕生。

但由於初期執法成效不彰，野生動物的飼養、販運、產製品等非法交易仍舊沒有明顯改善，尤其是犀牛角、象牙等產品，被國際保育團體查證，在台灣民間尚有為數不少的黑市交易，終於讓美國於一九九四年，以〈培利修正案〉對我國進行貿易制裁，在這樣政治與經濟的衝擊下，當時政府以少見的行政效率於立法院進行審議，同年十月三讀通過〈野生動物保育法修正案〉，其中主要的修改是配合國際保育政策，以及大幅加高獵捕與宰殺保育類野生動物的罰則，更在第一條立法目的中，增加了當時國際上新興起的保育觀念——「維護物種多樣性」。

如今，三十年過去，因野保法的修正，與政府閃電式的執法成效，讓台灣確實脫離了犀牛終結者的標籤，美國也早已解除了〈培利修正案〉的貿易制裁，台灣少部分珍貴稀有的野生動物，族群數量也獲得穩定回復。但是，台灣適合野生動物生存的整體環境卻每況愈下，像是台灣白海豚到二〇二〇年已僅存大約六十隻，歐亞水獺、台灣狐蝠只剩離島地區尚有少量野外族群，石虎不到五百隻，台灣黑熊約兩百到六百隻，還有許多鳥類、昆蟲，現存數量幾乎都不樂觀。如果要讓一個物種在野外能自然繁衍的安全值是兩千隻，台灣已經有許多野生動物都遠遠低於這個範圍了。

台灣有大約六成的野生動物分布在中低海拔的淺山區域，這些野生動物面臨到的問題幾乎相同，棲地遭到毀滅性的不當開發、溪流整治過度人工化、過多道路切割造成棲息地破碎、車輛路殺、獸夾與自製陷阱的濫捕、遊蕩犬、貓的干擾侵襲或是水域遭到工業汙染等問題，都直接或間接危害到野生動物。

在野保法施行的三十年後，台灣仍有盜獵野生食蛇龜走私圖利，或是偏鄉地區的民眾自行捕捉保育類野生動物食用與販售的行為，顯示出保育觀念深化的速度與強度，越到偏遠鄉鎮越是難以觸及，執法上也越顯無力。這一切仍仰仗中央與地方政府的態度，二〇一九年曾有少數立委召開公聽會，當時便有學者指出，政府長期一直在進行野生動物族群的調查，卻疏於為瀕臨絕種的野生動物賦與法律地位，使其直接受專法保障，或是在野保法中用專章修訂條文；在無法源依據的前提下，只提出保育計畫，有時難以讓地方政府單位配合，更可能在政黨輪替後，保育計畫也隨之終止。

雖然二〇一八年林務局推廣了里山生活的觀念，二〇一九年編列了八億元經費，預計用於野生動物和棲地保育，預算是六年來新高，當中預計為期四年的「國土生態保育綠色網絡建置計畫」也顯現出積極的藍圖願景，但因為缺乏法律依據，只能依靠地方政府一起配合，相關設施與策略是否都能有效利益野生動物？或是預算都確實花在野生動物和環境保育上？還有待監督與觀察。

然而新的問題不斷產生的同時，舊有的問題也懸而未決。三十年前，野保法實施，當時原本就已經遭受人為飼養的野生動物，由於大多無法野放回到原棲地，或是原產國條件不允許接管野放，所以依據野保法第三十一條，已飼養或繁殖的野生動物不得再進行繁殖，飼主也必須向地方主管機關申請登記列管，並接受查核。

理想上，會希望在登記後能掌握全國人為飼養的野生動物數量，並在政府列管下監督飼主沒有再進行不法繁殖或販售，直到飼養的野生動物在往後的歲月裡自然凋零，而這樣的「落日條款」也就功成身退。但由於遭受非法飼養的野生動物，如果飼主未主動通報就必須要民眾檢舉，並且執法機關必須詳加查訪，才能讓政府確實掌握全國人工飼養的保育類野生動物數量，所以在尚未被發現之前，許多人為飼養的野生動物去向無人可知，圈養品質的好壞依舊不見天日。

此外，即便政府查緝到人工飼養的野生動物，卻因為政府收容照養的資源有限，無法將非法飼養的野生動物沒入，以至於飼主或繁殖業者只需繳交低額罰鍰，再補登記，便可就地合法，等於沒有的嚇阻作用。加上「落日條款」並沒有明訂期限，成為了灰色地帶，由於相同種類的野生動物外觀辨識不易，業者與飼主如果仍持續將動物繁殖再補替，要是沒有專業細心的查核人員，容易被魚目混珠，除了讓飼主與不法業者從中獲利，這些人工飼養的野生動物，苦難也沒有終止的一天。

三十年後的今天，這樣的狀況仍然持續發生，並且一再由民間人士發現，再由保育團體揭露，可見中央與地方政府的忽視與怠惰，更凸顯當年在國際情勢及國內輿論下，催生出的〈野生動物保育法〉，僅解決了當時的局勢背景下發生的問題，但卻對台灣本身的野生動物存續，以及國內人工飼養的野生動物福利，沒有完整且妥善的因應機制。

如前文提到，野生動物本就以大自然為家，人工飼養的環境絕對無法提供相似的條件，即便是讓他們能有最低限度的空間設施，發揮一定的習性與本能。大多數的民眾絕對無法達標，而以利益為考量並私自繁殖野生動物的不肖業者，更會做出違反動物福利的事情，像是現今收容在屏科大收容中心的獅虎「阿彪」，就是台南黃姓業者刻意「異種繁殖」的結果，因為人為配種的基因缺陷，同一胎的三隻小獅虎，有兩隻在出生時就夭折，而存活的阿彪，天生脊椎就彎曲呈S形，貓科動物特有的長尾巴只有半截，左後腳因為僵直而膝蓋無法彎曲，這些嚴重的基因缺陷，導致阿彪行走不便，壽命也短於一般獅子、老虎。阿彪何錯？錯在人類因為傲慢，追求滿足自己獵奇心態試圖操弄基因的規則，錯在少數人忽視法律，遊走在灰色地帶。這還只是因為獅虎阿彪屬於較極端的例子才有被看見的可能，而阿彪的存在，就是野保法長期遭受輕視的證明，也象徵著這部已三十年之久的〈野生動物保育法〉，雖看似漂亮威猛，卻無法穩健有力的行走。

陸蟹也要過馬路——

椰子蟹

幼時，隨著媽媽的腹部擺動，我們所有兄弟姊妹奔向了大海，度過了一段隨波逐流的日子。當我們漸漸長大，背上了保護自己的螺殼，想要回到媽媽居住的海邊森林，期待有一天像媽媽那樣健壯，就不再需要依賴螺殼，能自在往返森林與海邊。

黑之河

椰子蟹是台灣陸寄居蟹科中體型最大，也是台灣唯一的保育類甲殼類動物，他們的存在證明了台灣海岸曾有過生態豐富的榮景。原本是海岸霸主的他們，如今已變成了「珍貴稀有」的落難蟹。

2020

第十五章

陸蟹也要過馬路——椰子蟹

一九九五年（民國八四年）

台灣四周環海，高山縱貫南北，天然資源豐富，蘊含多樣的野生動、植物，民國八〇到九〇年代，台灣經濟起飛，開始追求生活品質及山珍海味，只要是會動的、能飛的，台灣人上山下海也會想辦法吃到，「能不能吃？好不好吃？」經常是當時台灣人見到野生動物的第一反應，也是野生動物的唯一價值，普遍缺乏觀察及欣賞野生動物的素養，更別說是具備生態保育的觀念。畢竟台灣人常說「民以食為天、吃飯皇帝大」，好像吃過的美食越多，越奇特，人生才有價值，活著才有意義，保育什麼的，等到快被吃光了再來想辦法吧！因為靠山吃山，靠海吃海，台灣的天然環境所提供的「海陸大餐」也從沒讓人失望，只是沒想到，終於有一天，這些天然生態資源真的快消失在這片土地上，想開始保育，卻可能為時已晚。

提到美味的海鮮，蟹類的食用也是台灣許多饕客的最愛，台灣就曾有過普遍分布在花東海岸、綠島、蘭嶼，屬於最大型的陸寄居蟹「椰子蟹」，因為行動緩慢、體型碩大，奇特的外型引人注目，成為早期台灣人經常捕捉食用的野生陸蟹。民國八〇年代，花東地區的椰子蟹就因為濫捕，加上棲地的開發造成數量上的銳減。開發較晚的綠島及蘭嶼，就成為椰子蟹族群的最後聖地，但到了一九九五年，綠島的機場擴建完成，比蘭嶼早先一步，正式成為一處方便遊客往返、每個台灣人一生中至少都會去朝聖一次的旅遊勝地。往後每年綠島皆有大批遊客到訪，在環島公路上奔馳，欣賞島嶼風光，利用公路帶來的便利，來往穿梭，駐足留影，或是體驗各種潛水及海岸活動。

遊客的到來，增加了島民的收入，也提高了當地餐飲業對海鮮美食的需求，椰子蟹理所當然成為了被獵捕對象之一。就在棲地大規模改變、獵捕行為劇增之後，綠島的椰子蟹也開始因為這些人為因素而面臨浩劫；不僅如此，椰子蟹雖然主要是生活在海岸周遭的森林地帶，卻仍須回到海中潤濕鰓部，才能在陸地上進行氣體交換，因此，每當椰子蟹為了補充水分，在森林與海岸之間往返時，綠島的沿海公路，就成為椰子蟹往返海岸的危險挑戰，每年大量遊客在島上進行活動時的行駛車輛，增加了椰子蟹遭受車輛撞擊或碾壓而死的機率，在多種不利生存繁衍的條件之下，這些陸地上最大的無脊椎動物，急速的走向族群滅絕的邊緣。

自從世界各國的海岸發展與原始島嶼的觀光產業興起，椰子蟹在全世界的族群數量已經越來越少，於是在一九九六年，正式被「世界自然保育聯盟」（IUCN）列為紅皮書中受威脅的物種，同年，台灣也將椰子蟹依據〈野生動物保育法〉，公布為保育類動物，是台灣唯一的保育類甲殼類動物。

椰子蟹主要棲息於熱帶太平洋海濱的海岸，是所有陸寄居蟹中相當奇特的一種，因為能以強而有力的蟹螯和腳剝開椰子堅硬的外殼，取食椰子裡的椰肉而得名。白天的時候，椰子蟹常躲在海岸林附近，例如林投樹林、椰子樹下，或是石頭間與珊瑚礁岩洞下。屬於寄居蟹類，因此頭、足、胸甲皆有似同寄居蟹的特徵，但成年的椰子蟹尾部已經演化成為不需要背著螺殼活動，成年的椰子蟹體積碩大，台灣早期發現的椰子蟹，體型大小幾乎等同或略大於一顆椰子，令人毫不懷疑他們有剝開椰子的能力。

椰子蟹也是長壽的甲殼類動物，推估可活至一百歲；世界紀錄中，總長最大的有一公尺、十三公斤，可以想像他們曾在原生地海岸稱霸的模樣。成年椰子蟹強有力的雙螯和堅硬的外殼，幾乎沒有天敵，但或許因為這份演化下的自信，才使得他們對人類少了防備。早年因為台灣東部沿岸居民或餐廳，仍有獵捕椰子蟹食用的習慣，即便是在被列為保育類野生動物之後，也因為中央及地方政府疏於查緝，更沒有具體的保育措施，椰子蟹仍難逃被盜獵食用的命運，以至於無法回復穩定的族群數量。

而較晚發展觀光的蘭嶼，在近二十年內，島上的居民也因為從事旅遊產業，原始的生活模式逐年改變，島上的野溪與沿岸地貌因為興建大規模的人工設施，對蘭嶼珍貴的生態造成不小衝擊，每年六月至九月，剛好也是椰子蟹的繁殖期，但大量遊客到訪蘭嶼，同樣以環島公路進行各種白天與夜間的活動，加劇島上椰子蟹及其他陸蟹類、兩棲類、鳥類等野生動物遭受路殺的風險。

此外，綠島及蘭嶼在發展觀光的過程中相繼引入犬隻與貓作為寵物及招攬遊客的「店貓」、「店狗」，這些不屬於島嶼原有生態的動物，又因為島上居民或業者缺乏替寵物節育的觀念使其在島上自由繁衍，又以放養的方式任其來去，對島上爬蟲類、鳥類、陸蟹、昆蟲等小型動物造成生存上的壓力，這是主管機關不得不正視的生態問題。

台灣陸蟹種類密度之高是世界之冠，而屏東縣的恆春半島，就占全台灣陸蟹種類的八成以上，但是各種類的陸蟹族群數量，從民國九〇年代中開始大幅減少，數量降低到大約十年前的一半不到。

棲地的開發與沿海道路的興建是陸蟹族群無法穩定維持的共同原因，大部分的陸蟹，繁殖期的抱卵母蟹都需要降海，利用潮汐與海浪將懷中的卵釋放出去，卵於海水中孵化後，經三到四星期的浮游期變態為俗稱「大眼幼蟲」的幼蟹，並持續在海水中生活約兩年後才移棲至海岸邊。以量取勝，是大多數陸蟹的繁衍策略，回到岸上的大眼幼蟲，密密麻麻的盛況是生態界的奇觀，但是海岸的人工設施與人為活動都成為幼蟹登岸的阻礙，而順利登岸的幼蟹，也因為棲地減少無法順利成長。就這樣，原有的成年陸蟹持續凋零，新生的陸蟹又補替不足的情形下，即便是在國家公園裡，台灣陸蟹的未來仍然不樂觀。

而屬於陸寄居蟹的椰子蟹，成年的椰子蟹可以不需要背殼，但在幼蟹時期，仍然需要在沿海的淺海區域找尋適合的螺殼，在背上這個短暫的護盾後才能上岸，之後大約每間隔四個月蛻皮一次，隨著成長發育，每次都需要找尋新的螺殼來保護自己。因此棲地改變與人為侵擾，能賴以利用的螺殼就更難找尋，加上道路的阻礙與路殺威脅，成年的抱卵母蟹無法順利降海，需要背殼的幼蟹無法順利成長進入海岸周圍的森林，椰子蟹雖然長壽，但在無法維持基因多樣性的條件下，要談復育，是難上加難。

雖然台灣近代的保育觀念有所提升，卻普遍缺少對陸蟹生態的認識，因此捕捉椰子蟹食用的情形，在東部與蘭嶼、綠島仍時有所聞，需要政府與教育單位的共同協助，才能讓這些奇特的生物繼續生存在台灣的海岸。

澳洲的聖誕島，是世界上椰子蟹最多的地方，島上估計有百萬隻，幾乎可以說是陸蟹王國。島上主要是英國管轄時期，因礦業發展而定居在島上的華人移民，十九世紀末期，聖誕島的椰子蟹也因為捕食與棲地破壞而曾面臨危機，一九五七年澳洲政府以高額的補償金取得聖誕島的主權，警覺到島上因礦業而帶來的生態危機，便於一九七八年下令限制捕捉島上的椰子蟹。一九八〇年正式設立聖誕島國家公園，初期國家公園面積僅有全島面積的一成多，於是國家公園陸續向民間收購土地，執行造林計畫，到了一九八九年，全島有六成以上的面積都劃入了保護區，並規範礦業使用的土地範圍。至今，聖誕島已是人與陸蟹和平共存的生態樂園，聖誕島上，時常能見到比椰子還大的椰子蟹，島上居民不僅遵守限令，更是捨不得傷害這些壽命超過三、四十年的椰子蟹。

聖誕島上極富盛名的還有紅地蟹，每年聖誕島上的紅地蟹為了降海釋卵，形成的大規模遷徙盛況，是許多生態與陸蟹迷前往島上朝聖的原因。人蟹共生，為島上居民帶來的和諧與繁榮，是否也能成為台灣中央與地方政府的借鏡，甚至讓追求吃遍山珍海味的台灣人，思考另一種與自然共處的方式呢？

傳頌多年的野保標語——沒有買賣，就沒有殺害

我做了一個夢，夢到祕林的小浮島飄飄蕩蕩載著我，還遇到了一隻全身星光點點的大海魚，然後我聽到水生呼喚我，他說這不是夢，星星的大海魚正從下方經過。

星海夢游

「沒有買賣就沒有殺害」一句宣揚幾十年的保育標語，帶給我們守護海洋生態的新觀念，是當年身處於黑潮流經四面環海的台灣，從沒想過的保育思維。

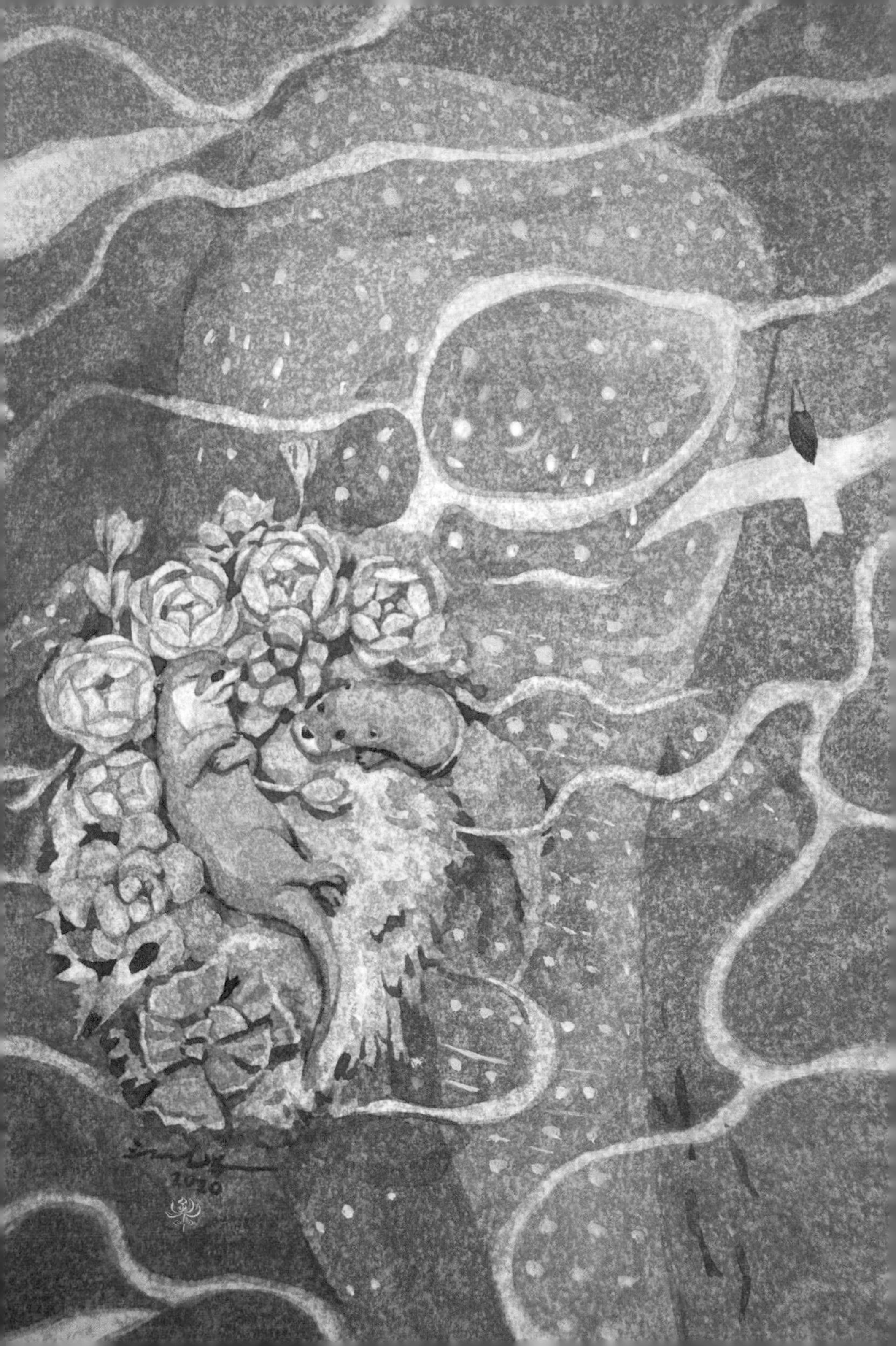
2020

第十六章

傳頌多年的野保標語——沒有買賣，就沒有殺害

一九九六年（民國八五年）

「沒有買賣，就沒有殺害」是台灣當今許多人耳熟能詳的保育口號，無論是倡導野生動物保育的團體，或是為動物爭取權益的民間組織，都時常藉此標語來宣揚自己的理念，因為能在簡短的一句話裡，清楚傳達出大多數野生動物遭受盜獵與走私交易的原因，以及黑心寵物繁殖場的存在，都是在未經過深思熟慮的買賣情形下所產生的因果關係。

多年來，這樣一句簡短有力的口號，深深印記在台灣許多關心動物與環境議題的人們心中。這句如此通用的宣導標語，發自於一九九六年，英文原文是「When the Buying Stops, the Killing Can Too」，由非營利的非政府國際公益組織 WildAid 所引領倡議，該組織長期致力於終結所有非法野生動物貿易行為，促進消費者思考自身的購買行為所帶動的因果關係，期許降低野生動物製品的市場需求。

一九九〇年代，台灣正要努力扭轉「犀牛終結者」的形象以及解決本國的野生動物非法交易與繁殖問題。自從〈野生動物保育法〉施行後，逐漸抑制了犀牛角、象牙等動物製品在台灣的走私活動，讓台灣成為亞洲地區在國際野生動物保育的推動上有良好成績的模範生。因此 WildAid 便在一九九六年將台灣作為亞洲的第一站，發起「沒有買賣，就沒有殺害」的動物保育計畫，當

年最首要的目標，是以生物多樣性為概念守護海洋生態，希望能推動亞洲地區減少對魚翅料理的需求，緩解每年全球的海洋中，許多品種的鯊魚因為遭到過度捕撈而數量驟減的情形。三十多年來，WildAid 時常力邀多位亞洲地區熟悉的影視名人擔任保育大使，獲得了中國、香港及台灣民眾的關注，至今，單是中國對魚翅的消費需求，就已經減少大約五至七成。

魚翅料理，是東亞地區宴席上時常出現的高級食材，也是魚翅主要消費地區。華人開始興起食用魚翅的歷史可追溯至明、清時期，由於魚翅是取自鯊魚的魚鰭，以十八世紀的航海及漁業捕撈技術來說，是相對難以取得的食材，加上魚翅料理的獨特口感與膠質，讓當時的人相信魚翅不僅美味，更具養顏及保健功效，使得魚翅成為了華人飲食文化裡的珍貴食材。

從古至今，華人在宴客或喜慶時招待魚翅料理，是隆重體面的象徵，能彰顯主人家的身分地位以及對賓客的重視。因此，幾百年來，華人地區對魚翅的需求不減反增，到了二十世紀中後期，全球海洋中的鯊魚被過度捕撈，部分在海上作業的漁船，甚至為了取得更多的鯊魚鰭，會將捕撈到的鯊魚從胸鰭、背鰭到尾鰭的部位全數割下後，再將失去魚鰭的鯊魚丟回海中，許多鯊魚在這樣的過程中，不只是經歷肢解的痛苦，也因為失去游泳能力，而在海中痛苦的窒息而死。

這是關心自然生態與動物權益的人都不忍發生的殘酷現象，在許多時候，動物產製品的消費者端，甚至不知道眼前美麗的動物製品，或是桌上香氣四溢的佳餚，是來自於動物的苦難，是在缺乏自然永續觀念，以及不人道的手法下，從各種動物身上強取豪奪而來的幸福。如果有人能將這些資訊清楚的讓更多人知道，相信便能改變更多消費行為的選擇。當國際上許多野生動物保育組織，致力於棲地保護和終止盜獵時，WildAid 意識到，透過教育消費者和加強執法，才能更有效的減少野生動物產製品的市場需求，讓各種野生動物早日走出遭受盜獵與濫捕的命運。

台灣在目前的法規上，買賣或是食用魚翅並不違法，但若漁業捕撈到保育類鯊魚，或是以割鰭棄身的方式獲取鯊魚鰭，都是違反漁業法。只不過所有漁業船隻，在出海進行捕撈作業時的各種狀況難以預料及控管，加上政府執行查核的資源不足，執法上不易徹底，主要只能靠船家自律遵守，所以，雖然在台灣食用及販售魚翅並無違法，但為了避免少數非合法管道的魚翅來源混入市場，減少食用魚翅的消費行為，的確是有效抑止漁業上過漁的方法之一。

所幸，台灣近代保育觀念大幅提升，魚翅也不是民生習慣使用的食材，許多籌辦喜宴與團體晚宴的餐飲業者，也不會主動推銷或提供魚翅料理，對魚翅的需求自然大幅減少。新的研究指出，魚翅並沒有特別的營養價值，鯊魚翅的主要成分只有蛋白質及脂肪，生活中常見的一般食物都可攝取到，完全不需要靠吃魚翅來取得。在海洋生態系中，鯊魚是屬於食物鏈頂端的生物，海洋中的各種汙染物如重金屬和毒素，便會透過食物鏈累積在鯊魚體內，因此人也可能藉著食用鯊魚相關肉品，將重金屬與毒素一同吃進體內，所以只為了追求排場與口感，不單只是造成國人在健康上可能的危害，也影響了海洋生態的永續。

海洋是地球的命脈，無論是從遠洋到近海，或是海岸與河口，都跟陸地上的我們息息相關，鯊魚的存在，對於維持海洋生態平衡有著相當的重要性，由於海洋的汙染與過度捕撈，全球已有八十一種鯊魚被列為受威脅物種，全球鯊魚數量更大幅減少，同時造成食物鏈中其他層級的生物數量也發生改變，導致生態系統因為崩壞而失衡。最先遭受衝擊、影響生計的，可能就是漁業本身。

二〇一〇年代開始，台灣與國際上的保育組織更發現海洋受到人為廢棄物與人造塑膠垃圾的危害相當嚴重，以海洋或海島為家的魚類、海鳥、海龜和許多鯨豚都受到生存上的危害，海洋的生物多樣性正在崩壞，漁業與觀光業將無法永續，所以守護海洋的健康，本來就不只是保育團體的責任或杞人憂天，也不是任何國家能置身事外的事情，世界各國的政府都必須一同制定計畫，互相配合，才有可能挽救我們共同享用的海洋。

「沒有買賣，就沒有殺害」原本是指從消費行為的改變，讓野生動物能避免毀滅性的殺戮，而今，為了海洋健康與所有海洋生物的生存，我們不單只是要抵制非法野生動物產製品，也可以慎選對環境友善的商品與包裝，多使用能重複利用的容器與自備提袋，從生活的消費行為改變，讓所有海洋生物，不再因為我們對環境的傷害而死亡。

豬事告急——台灣野豬

壯壯的身軀，輕輕的步伐，花花的毛色是孩提時的衣裳，雖然成長讓我們變了模樣，仍不忘與媽媽一起漫步山林的幸福時光，希望我們的孩子也能一直在這裡快樂生長。

豬事大吉

等不及還在睡覺的水旺，水生自己先開始出遊拜訪金金祕林的朋友們，首先遇上了山豬大吉，水生發現大吉身邊跟著五隻小山豬，很開心的與第一次見面的小山豬們問候，希望將來能成為好朋友。

第十七章

一九九七年（民國八六年）

豬事告急——台灣野豬

野豬與一般圈養的家豬不同，可說是世界上分布最廣的大型野生哺乳動物，但全世界有關野豬的相關研究卻很稀少。台灣的原生野豬是台灣特有亞種，在一九九〇年代中期以前，也曾遍布全台灣中低海拔山區及平原，但在一九八九年〈野生動物保育法〉頒布後，因為未被歸納在保育類野生動物之列，又時常傳出造成山區作物與農村的農損，而常以防治的理由開放受損農戶獵捕。

只是，不管在野保法頒布以前或之後，台灣野豬的生態習性、族群分布還有數量的掌握等資料本來就不足，只能憑藉各地農戶與原住民的觀察來推論，在早年也沒有自然資源永續利用的觀念；又因為野豬的經濟利用價值高，可以用防治農業損害為由，名正言順的獵捕，導致台灣野豬在短短七、八年內遭受各種陷阱與獵狗圍捕方式大量濫捕，大約一九九七年後，台灣野豬的野外族群就開始明顯減少，之後的二十幾年，台灣野豬的數量仍然未回復早期族群的盛況，甚至還因為棲地的減少，而使得台灣野豬未來的生存充滿危機。

台灣民間時常將台灣野豬稱作山豬，但所謂的「山豬」只能算是對已經完全適應野外生活的個體或小群體作為方便界定的通稱。所以有些從山邊豬圈逃脫的豬隻，在長時間適應野外生活後，外觀上也會產生些許改變，一般人較難分辨是否是台灣野豬。台灣野豬與家豬的祖先雖然都是歐亞野豬，但事實上，台灣野豬在距今大約兩萬多年前，就已經分支出自己獨特的基因，並移散至台灣定居，成為在台灣的特有亞種。

由於近代台灣淺山環境開始受到大量人為開發，與野豬的生活範圍重疊，人工飼養的家豬逃脫，或人為刻意配種後的混種豬，都可能造成純種野豬基因庫的改變，因此台灣近代各地都有發現少部分混種的台灣野豬存在。由於野豬的幼仔階段，身上有獨特的棕、黑相間條紋，模樣吸睛討人喜歡，所以民國八〇年代，一度成為寵物市場炒作下的新寵，當時台灣東部就曾有養殖場，將純種公野豬與一胎多產的母家豬或小耳豬配種，來獲得更多特殊紋路的小豬仔，並聲稱是野豬來販售。而這些混種小野豬長大後，若不慎逃脫，就可能再與當地野生環境裡的野豬雜交，造成台灣野豬族群基因的變動，在維護生物多樣性的原則下，實在是政府不能忽略的現象。

野豬的幼仔身上有條紋狀的毛色，是與家豬最大的不同，但成年後的野豬毛色逐漸轉為灰棕色或灰黑色，此時，外觀與家豬最明顯的不同就是較長的鼻吻部，以及發達外凸的下犬齒，身材也較結實短小。從出生時具有保護作用的毛色，到長大後的堅韌的犬齒與矯健的四肢，證明了野豬是演化上擅於野外生存的高手。雜食性的他們，能運用具有靈敏嗅覺與觸覺的鼻子，平貼式的尋找地面或地表下的食物，無論是植物的根莖、嫩葉、果實或是蚯蚓與昆蟲幼蟲等，都是野豬能賴以維生的食源。

因為有高強的適應能力，讓台灣野豬在族群繁衍上有絕對的優勢，才使得他們曾經遍布全台。

但就是因為這些求生本能，以及強大的適應性，反而增加了台灣野豬與農民的衝突，對農民來說，野豬的拱地覓食，會損毀育苗中的農田，野豬的食性也會造成地植的作物遭到啃食。可惜，人與野生動物的衝突，向來不可能以溝通協調作為收場，野生動物一旦威脅到人們的性命與財產安全，就很難有皆大歡喜的結局。

台灣在〈野生動物保育法〉實行後，雖然依法不能騷擾與獵捕野生動物，但是若有造成農業損害，就算是保育類野生動物，只需事先向主管單位申請便可進行獵捕，何況是非保育類的台灣野豬呢？就在這樣的模糊規範下，部分農民就可能不經查證，將所有農損都歸咎於野豬，名正言順的進行「合法」的獵捕行動。

由於台灣野豬全身都具有經濟價值，是山產店或是原住民常用的肉類來源，毛皮與獠牙也有裝飾功能，野保法實施後，山產店能運用的肉源選擇減少，野豬因此更成為狩獵的主要對象，在一九九〇年代中期開始遭到大量獵捕，農民除了以陷阱等防具守護農作物，更盛行以訓練獵狗來圍捕野豬。根據在地民眾的觀察，野豬數量明顯的降低，即是在此狩獵方式興起之後。

狩獵團隊每次帶十多隻訓練有素的獵狗上山，對野豬進行搜索與包圍，不論是好戰的公野豬或是護幼的母野豬，均難擋這種戰鬥方式的長時間體力耗損而命喪獵狗團的圍攻之下。據傳當時光是花東地區就大約有十幾組獵狗團在進行獵捕活動，每一組獵狗團隊就能在一個月內獵捕到三十到四十頭野豬。可以推測在政府毫無警覺，又沒有對野豬族群詳細調查的情況下，全台各地恣意的濫捕，對野豬的野外族群造成生存上巨大的危害，只在兩三年之間，台灣原生野豬的數量就可能因為這樣的濫捕，而稀少到連獵狗團自己都感到難以捕捉的慘況。

台灣自從一九八九年施行野保法後，大部分的野生動物被列為保育類，的確讓許多野生動物的數量回復穩定，而與台灣野豬共享棲息環境的山羌、台灣獼猴、長鬃山羊或是水鹿等中大型哺乳動物，族群數量也皆有起色，唯獨台灣野豬明顯下降，足見狩獵方式的改變以及針對性的獵捕，對野豬的生存繁衍確實造成相當大的壓力。不僅如此，許多像是獸夾、山豬吊等為了捕捉野豬所設的陷阱，也會危害許多珍稀的保育類野生動物，尤其近代台灣黑熊的研究中就發現許多斷指或斷掌的台灣黑熊，對於族群數量僅剩兩百到六百的台灣黑熊來說，這些違法卻又常見的陷阱，實在是危害甚深。

一九九四年野保法在修正時，於第一條立法目的中新增了「維護物種多樣性」的保育觀念作為立法目標，二十多年後，維護生物多樣性的精神才在政策面逐漸施展。早年明星物種的保育雖然有其必要，但守護所有生物的棲息環境才是長遠又穩定之計，人類長期以利己的方式發展文明，卻時常忽略大自然對人類身心健康的重要，各類野生動、植物或昆蟲的增加與銳減，就是在告訴人類，當我們試著利用與分配自然資源時，一定有某些環節出了狀況。

台灣野豬在這塊土地發生的事，就是在為我們寫歷史，在為我們使用土地的方式打分數，政府的施政與民間保育觀念的普及速度，是否能挽回這失分的局面，未來還有待觀察。我們雖無法確定有多少野豬是真的因為造成農損才遭到獵捕，但我們可以在不與原住民傳統狩獵文化相衝突的情形下，藉由避免野生動物產製品的消費，來減少對這類市場的刺激，才不會成為過度濫捕的推手。

從財產變成同伴——動物保護法

由境外輸入被人圈養繁殖的寵物，也都曾是野生動物，不論被棄養或是不慎逃脫，結局都是環境與動物皆輸，最後回到人類自身的就是經濟與政治的損失與衝突。

喜歡・責任・愛

這幅作品是應「挺挺網絡」之邀所創作，目的是為了倡導寵物飼主責任，可以看到畫作當中除了犬、貓之外還有其他奇特的寵物，顯示出台灣的寵物市場，飼養與販售的動物種類越來越多樣，而當今〈動物保護法〉的規範能否照顧到如此複雜多元的面相呢？

第十八章

從財產變成同伴——動物保護法

一九九八年（民國八七年）

談到動物保護，台灣整體來說在亞洲國家算是進展得比較前面，但相較西方國家，卻起步得相當晚，甚至落後且被動。

一九八〇年代的台灣，野生動物保育的觀念尚在萌芽階段，所以善待貓、狗或是經濟動物等，這一類由人為飼養的動物福利議題更難達到社會共識。到了一九九〇年代，台灣的「野生動物保育」以及「動物保護」受到西方野生動物保育運動的影響而開始啟蒙，前者是因為國際各方的壓力，後者是民間團體的倡議力量，在這當中，政府向來都是推一步走一步的被動角色，尤其在動保方面一直都沒有防患未然的作為，導致後來需要更多的國家資源與民間力量去彌補，並且也長期危害了台灣本土的野生動物。

三十年後的今日，生態保育觀念與飼主責任，離到位仍有很大的距離。若沒有朝野共識，進行修法改革，讓政府能擔任引領的角色，民間的愛心與資源，仍然只會是多頭馬車，讓那些大家都不樂見的現象繼續失控下去。

歷史上，英國是最早有防止虐待動物精神並且成立相關法令的國家，英國在十九世紀初開始有小規模的團體，提倡停止鬥雞活動等虐待動物的行為，甚至有少數貴族也加入，希望促使立法禁止虐待動物。當時的運動不僅在英國興起動物保護的新觀念，也間接影響了英國在海外的各殖民地，但後來一、二次世界大戰爆發，這些興起的動物保護運動也隨之停歇，直到二戰結束，西方各國在休養生息中來到了一九六〇年代，政治經濟逐步穩定，西方的科學與生物領域的研究日益進展，社會整體也逐漸對動物的認知有所改觀，所以開始更加重視經濟動物的圈養福利，並且關心宰殺動物的方式是否人道等議題。

從此之後，西方各國的動物保護團體紛紛出現，保護的對象與觀念也開始更加多元，到了一九七〇年代，更擴展至國際間對野生動物販運問題的關心，以及保育野生動物的倡議。隨後延伸出了各國政府以及各個國際動物保育組織的合作，促使了一九七三年〈瀕臨絕種野生動植物國際貿易公約〉亦稱〈華盛頓公約〉（CITES）的簽署，當時共有八十個國家加入，共同協議禁止國際販運瀕臨絕種的野生動、植物活體與產製品。在這樣的國際情勢下，開始進入全球化的亞洲各國，為了要與國際同步，享有一定的資源與貿易往來，也因此不得不引入動物保育的觀念，並對自己國內野生動、植物的種類、數量與現況進行掌握，推動改革與立法保護這些自然生態資源。

台灣當時因為在國際情勢下無法加入此公約，但因為需要爭取國際上的認同與支持，且急需要扭轉一九八〇年後「野生動物加害者」的形象，終於在一九八九年頒布了〈野生動物保育法〉。但當時只是受壓於國際輿論而施行的野保法，執法能量尚未到位，民眾守法的自覺也仍未建立，以至於施行後，國內依然有禁止販售的野生動物產製品在黑市流通，使得美國於一九九四年大動作以〈培利修正案〉對台灣進行貿易制裁，促使政府迅速的在同一年通過〈野生動物保育法修正案〉，並開始加強執法，才令美國解除對台灣的貿易制裁。

而一九九〇年代的台灣，國內的動物受虐事件也是層出不窮。一九九二年初，民間興起一種名為「挫魚」的娛樂活動，是種不以魚餌方式釣魚，而是用特製的三爪魚鉤直接投入魚池中，讓釣客隨意發揮，抓準時機將魚鉤刺入活體魚身。在這樣的過程中，魚鉤會鉤中活魚的任何部位，也可能因魚兒的掙扎而脫落，時常將魚挫得遍體鱗傷，雖然這些魚類終將難逃烹煮命運，但挫魚的方式僅是滿足釣客嘗新好玩的心理，卻徒增魚兒的痛苦，延長折磨時間。

這樣令人顫慄的虐待方式不但成為了當時台灣許多釣客們的娛樂，挫魚場更是遍布全台，引起當時民間深感憂心。最後由少數佛教界人士帶動發起「反挫魚運動」，號召藝文人士與媒體響應，政府便因此順應民意開始嚴格取締挫魚業，才止息這股風氣。而發起活動的團體在之後也成立了「關懷生命協會」，以為動物爭取福利、保育野生動物和維護生態平衡為宗旨，是台灣當代動物保護與動物福利在立法上的重要推手之一。

一九九〇年代的台灣，或許是解嚴後逐漸開放的社會氛圍，使得民間的整體思維對於追求人權、彰顯平等法治、關懷弱勢等價值成為了主流，再進一步使人更加關注到人以外的動物身上。此時剛好正值台灣的犀牛角販運事件，讓西方的動保組織以國際的影響力督促台灣政府作出重大改變，也讓台灣許多本來就關心動物的人們見識到團結的力量，於是許多動保團體便在這個年代紛紛成立，或是更容易號召志同道合的人加入，民眾長期觀察到的動保議題便能藉由團體的力量發聲，凝聚社會共識並引發媒體關注討論，像是對賽馬合法化提出質疑、揭發馬戲團虐待展演動物，以及關懷流浪動物並揭露收容所環境惡劣等問題，都在當時的動保團體合作下，發揮教育社會的功能，更促使政府重新考量政策，尤其是流浪動物的問題，讓政府於一九九四年成立「動物保護法起草小組」，組成小組包括政府人員、學者專家、畜牧獸醫團，也邀請動物保護團體共同起草，終在一九九八年完成〈動物保護法〉的立法，使台灣成為全球第五十四個制定〈動物保護法〉的國家。

台灣在一九六〇年代以前，便已經有豢養犬隻的習慣，從農業社會到大規模的都市發展，從狩獵幫手到走入人類居家，從黑、黃、白、花的混種犬到各類品種犬的引入，犬隻與人的生活已經習習相關。雖然犬類與人的關係越來越緊密，功能價值也更多樣，但即便到了一九九〇年代，人類對待動物的態度主要還是將之視為附屬物看待，相似於一種財產觀念，犬、貓這類動物也只是大約比經濟動物要可貴一些，所以飼養犬貓的民眾並沒有自主管理的意識，或是飼養到終老的責任感，以至於家中或是農村的狗、貓可以因為各種不適合的理由或是因為疾病、年老等問題而隨意棄置，加上當時政府並沒有對各地逐漸攀升的棄養犬、貓數量有所警覺，因此忽略要教育民眾具備替自己所飼養的犬、貓絕育的觀念，才造成近代難以根治的「流浪動物」問題。

早期的台灣社會也習慣將死亡犬隻隨意丟棄，甚至在一九九〇年代初期還有將生病犬隻與活體幼犬當垃圾處理，或是活埋、淹死等方式解決的現象，這些手段讓國際的動保組織大感不可思議，也再度讓台灣在國際的形象大受影響，直到發生了流浪狗咬傷學童的公安事件，才迫使政府在社會輿論與動保團體的建議下，完成動保法立法。雖然當時動保法的立法精神有含括到經濟動物與實驗動物，但由於當時台灣社會的普世價值，對動物福利或是防止動物遭受虐待的認同感還不足，以至於立法機構在初期的法規訂定上缺乏更細膩的考量，也忽略現實裡執法時的困難，使得在立法後的二十年間，就因為多次的社會事件與動保團體的陳情抗議，進行了十多次的修法，一直到了二〇二〇年代，台灣的〈動物保護法〉仍被許多動保團體所詬病。

回顧〈動物保護法〉的演進，在一九九〇年代立法初期，動物的價值仍建構在人類飼養的意義上，也就是從人的身家財產或經濟來源為考量，因此若是流浪動物或是非保育類動物在遭受虐待時，由於並沒有主人或飼養者，所以並不受到保護，到了二〇〇一年才修法禁止虐待所有動物。但在那之後的虐待事件，還必須是「故意虐待」才算違法，像是二〇一四年震驚全國的河馬「阿河」事件，因為台中的牧場業者在運送阿河的過程中，防護設備並不周全，導致阿河在車輛行進途中跳車而摔傷，臥地不起的痛苦模樣，透過新聞畫面讓全國的民眾心生不忍與憤慨，令台中市政府趕緊出手協助；但是吊車在移動阿河時，又因為吊掛繩索斷裂，讓阿河從兩公尺高的距離二次慘摔地面，使得阿河在重傷下痛苦數天後走向死亡。但由於當時業者在各方面都不屬於「故意虐待」而無法可罰，就在這樣的結果引發社會譁然後，才又促使再度修法，並在二〇一五年通過「過失虐待」的罰則。這是動保法自立法以來較關鍵的修法改革，而針對最棘手的流浪動物問題，也在同一年公告了寵物飼主應為寵物結紮絕育，違者最高可罰二十五萬元的法規，但因為各地方政府多以勸導代替處罰，加上查緝人員不足因此成效有限。

〈動物保護法〉自施行以來二十年間，全台灣捕捉的流浪狗數量粗估約一百三十萬隻，當中約有八成以上是在全台各地的收容所內以人道死亡方式處理，這樣驚人的數字顯示出台灣的「流浪狗」已成為多年來重大的社會議題，以及國家財政上的負擔之一。二〇一八年農委會統計全台的流浪狗數字大約還有十四萬隻，可見想要以興建更多大型收容所開放民眾認養，或是到達一定期限後將犬隻安樂死的方式來降低全台流浪狗數量，並不一定有實質幫助，因為這牽涉到民眾養狗的意願與條件，領養代替購買的習慣也都需要長時間的培養。

此外，全台黑心繁殖場仍然存在，一段時間後又會造成整批繁殖犬的棄養。而台灣農村與鄉間也普遍以放養犬隻的方式豢養，有時一戶人家就能養三至五隻狗，但具備犬隻絕育觀念的飼主並不多，經常是與其他流浪犬交配後又繁殖更多數量，這些都是台灣流浪犬無法大幅降低的原因之一。尤其台灣民間普遍對早年捕狗隊捉狗、捉貓的手法印象不佳，造成民眾通報意願降低，寧可任其自生自滅，通常最後就是由社區的愛心人士照養並自費將流浪犬、貓絕育。但畢竟數量與區域都過小，絕育時間也不集中，對於整體幫助有限，這些民間的愛心大多只是緩不濟急。

台灣當代因為民眾對動物保護觀念的提升，犬、貓的定義從早期的「財產」演變成「寵物」再到近代的「同伴動物」，足見犬、貓在台灣社會已經有獨特文化地位。大大小小的動保團體遍布各縣市，皆由民間自主發起組成，不僅對流浪動物救援與中途收養有相當的經驗與成效，更具有深入的社會觀察，並且借鏡國外經驗提出台灣需要跟進的辦法，例如由政府出面訂定計畫，在一段時間內實施全國全面性的犬、貓絕育，讓全台絕育的犬貓數量能達到八成。動保團體認為，若全台流浪犬、貓絕育數量能長期維持在八成，將能在不久的未來看到成效，花費也比興建收容所低。

另外動保團體也呼籲政府籌備設立「動保警察」，專職負責偵辦寵物或經濟動物遭受虐待事件、勸導飼主執行犬、貓絕育、對未替寵物絕育的飼主開罰，或是受理寵物棄養的通報調查，才能讓現行制度下的動保法發揮原本的功能，同時也保障社會安全，並且伸張動物福利。

目前台灣的〈動物保護法〉保護對象只涵蓋脊椎動物，非脊椎動物的「頭足類」或「甲殼類」動物就無法可規範，而這些動物普遍見於水產養殖業，像是頭足類的章魚、烏賊，甲殼類的蝦、蟹，都是民生必需的經濟動物，在現有的動保法中，對其養殖方式的福利或是人道宰殺的要求皆沒有可依據的法源，這不僅是台灣的動保法需要更加進步方向，也是執政者是否有決心引領社會進步的考驗。

如果台灣整體能更往尊重動物、愛護動物靠近，相信這樣的風氣，會讓台灣成為亞洲地區更加耀眼、備受尊重的存在。

動物福利守望者——

台灣動物社會研究會

那年和你不期而遇，機緣輾轉，你從此來到這個家一住就十八個寒暑。你好像很喜歡我幫你繫上頸圈，似乎當作這是你與家人的連結，每年春節都會給你的頸圈別上一個紅包，希望你再平安過一年。想跟你說，雖然我給了你一個家，但你卻給了我家的溫暖。

旺旺來福

此圖是二〇一八年為了在粉絲專頁慶賀「狗年」的農曆春節所創作的作品，除了以此作品紀念家中飼養多年已過世的愛犬，更希望藉著畫中訊息傳達出飼主對寵物的責任與愛，是同伴動物與野生動物之間能和平共存的關鍵。

第十九章

動物福利守望者——台灣動物社會研究會

一九九九年（民國八八年）

台灣自一九八〇年代開始，工商業逐漸起飛，都市的建設與擴展加速，影響越來越多人遷移至都市環境居住，與此同時，與人類關係密切的犬、貓動物自然也被人類帶往這些領域。但因為早期對於犬、貓絕育的觀念不足，政府也尚未警覺到可能的隱憂設法管理，因此本該是被人飼養與負責看顧的寵物，時常遭到棄養後在外遊蕩自生自滅，生病的、瘦弱的，或是車禍意外等鮮明的模樣，讓人把這些可憐的犬、貓定義成「流浪動物」，漸漸形成了九〇年代之後台灣的流浪動物議題，這些流浪動物在外自行繁衍後，時常遊蕩大街小巷或是廢墟與田野，大狗小狗搖尾乞食的模樣令人心生憐憫，民間許多人士會出於好心餵養，卻也有少數人會刻意虐待或捕捉食用。有些流浪犬隻因為在外時間久激發出野性，偶爾也會有攻擊行路人的狀況。

種種的事件不斷發生，引起媒體與民眾關注，台灣當時社會整體意識主要是以愛護流浪動物為出發點，因此促使政府建置收容所與捕狗隊，但遭捕捉後收容的犬隻去向無人聞問，收容所環境也較少被關注，因此逐漸開始有民間團體主動調查追蹤，才揭露收容所內毫無考量動物福利的慘況。

不只是流浪動物，一九九〇年代初因為興起挫魚的娛樂活動，以及黑面琵鷺遭槍殺、犀牛角走私與野生動物不當飼養等，危害動物的相關國際醜聞，讓不少台灣宗教界的法師、牧師與信眾發起運動，共同表達抵制虐待動物的產業與行為，呼籲社會善待所有動物，給予動物應有的尊重。

一九九二年，在「反挫魚運動」後，當時的發起人釋昭慧法師便以佛教對待生命的觀點出發，成立台灣最早以倡導動物福利為宗旨的「關懷生命協會」，認為不需要將野生動物區分成瀕危的保育類或是數量較多的非保育類，這是在用人的觀點量化生命；應該理解動物所具有的意識都相同，所以要關心的是動物遭遇苦難時的感受，因此不論是寵物或是經濟動物，又或是野生動物與他們生存的自然環境，協會都應該要為這些不會說話的弱勢發聲，去改變社會長期的弊端與積習。

協會成立後，長期關注的議題有流浪動物、經濟動物、馬戲團動物等狀況並發表紀錄影片，也推動人道捕犬以及流浪動物絕育的觀念，更與二十一個動保團體結盟，在一九九八年共同推動〈動物保護法〉，為台灣的動物福利寫下新的里程碑。關懷生命協會也長期與國際知名的非營利組織「WildAid 野生救援」合作，在台灣推廣亞洲區的海洋生態保育，至今為止，關懷生命協會依舊持續推動著台灣許多動物福利議題，並致力於愛護動物的教育推廣。

曾擔任「關懷生命協會」祕書長長達六年的朱增宏，也曾經是出家僧人，認為重視人權、生態環境與動保議題，是關乎學習佛法上的實踐，因此當年共同加入關懷生命協會成立的行列。朱增宏在離開協會後於一九九九年另外自創了一個非營利、非政府的民間組織「台灣動物社會研究會」，以推動「人與動物、環境和諧互動」為宗旨，更加著重於經濟動物、農場動物、實驗動物的福利，所以在行動及策略上是立基於長期深入的研究調查與分析，並結合國內外相關專業組織的力量，從教育推廣來啟發公眾意識和創造討論度，進行對執政當局的政策施壓與立法遊說，同時促使社會大眾的行為及公共政策能一起改變。

雖然台灣動物社會研究會的執行策略看似更加衝撞體制，又挑戰許多業者既有的經營模式，卻可說是與關懷生命協會殊途同歸，兩者的創立精神皆是跳脫人類慣性思考，並不會去區別保護的對象。若人類社會覺得貓、狗的福利重要，而能快速凝聚社會共識當然很好，但是經濟動物的福利就不應該也有差別，雖然兩者在法律上的地位不同，也會挑戰社會大眾的飲食習慣，不過至少能讓這些動物在被人利用時，也能享有相當的尊重與生存品質，減輕他們被圈養時的磨難。

台灣早期殺豬方式其實相當令人不忍，既不人道也很原始，都在豬隻還有意識的情況下，直接刺喉放血，直到血流乾時豬隻都還有意識。屠宰環境也髒亂，屠體大多與汙水糞尿混雜。雖然政府早已推廣電宰豬多年，但不只公營屠宰場尚未全面實行電宰，不少私宰場也遊走於法律之外，以極不人道、不衛生、不環保的方式屠宰豬隻。這些私宰場所在位置大都位於河川溪水邊緣，屠宰過程中所產生的廢水及汙物，皆直接排入河川或溪流，造成環境汙染，實在令消費者吃不安心，更對環境造成汙染隱憂。

而台灣各地屠宰場內的事實真相，大多經由台灣動物社會研究會長期調查蒐證，於民國八十九年首次公開揭露，聯合全台公益、環保、動物保護等團體，共同遞交「私宰地圖」向政府請願，表示支持政府全力取締私宰場，為民眾食肉安全、環境品質，及經濟動物的福利把關。

台灣動物社會研究會自成立以來，也長期對全台屠牛產業的狀況有詳細掌握，發現全台約有六十幾處屠宰牛隻的場所，除了唯一一家在民國九十年申請合法通過外，其餘全都是沒有依據〈畜牧法〉規定的非法屠宰場。這些非法牛隻屠宰場的屠宰方式同樣極不人道，過程也不衛生，業者為了方便控制牛隻，會用粗鐵絲刺穿牛的鼻子，不但造成牛隻更加緊迫，牛的鼻腔因此流血、蓄膿，痛苦不堪，並且在屠宰前的幾天裡不但不餵食，也不提供飲水，卻又在屠宰前數小時，用長度兩公尺多、直徑兩公分寬的鋼管強制塞進牛的嘴中直達胃部，進行大量又多次的灌水，據說僅僅是為了增加牛體的一些重量，這樣的操作行為不但毫無科學根據也徒增牛隻宰殺前的痛苦。

牛隻屠宰前不只是在身心緊迫下被強迫灌水，屠殺手段還是以利斧劈頭，當牛隻倒地後再割喉放血，若是執行業者的經驗與力道不足，通常就要劈擊五、六次，所以整個屠宰過程裡牛隻可能意識都是清楚的。除此之外，非法屠宰場也沒有政府指定的衛生檢查獸醫師駐場檢查，肉品的來源是病牛或死牛完全未經把關。

一直以來，西餐廳或小火鍋店幾乎都是使用進口的牛肉，進口國對經濟動物的人道宰殺有一定標準，而台灣各地許多傳統牛肉麵店所使用的肉品源，卻幾乎都是來自全台的非法屠宰場。於是二〇〇一年六月，台灣動物社會研究會偕同消費者文教基金會、主婦聯盟環境保護基金會、全國教師會生態教育委員會等民間團體，召開「請消費者『為牛請命』——拒吃以殘忍虐待方式生產的牛肉，請屠牛業者善待動物」的記者會，將這些長期隱藏在社會角落的無聲殘殺，公布予社會大眾，希望消費者慎選商家，並督促政府確實執行〈畜牧法〉和〈動物保護法〉，終於讓政府開始以逐年逐步到位的方式培養相關人員與輔導業者轉型，讓經濟動物的屠宰過程能盡早達到人道標準。

研究會不只每年持續關注這些經濟動物的福利，也關注許多民間常見卻沒有動物福利意識的行為，如台灣各地的神豬重量比賽、休閒農場動物、表演動物等，都是研究會追蹤調查的議題，勇於替這些不會言語表達的動物發聲，也重視在一般社會大眾眼裡覺得「沒什麼吧！」的動物福利缺失。

二〇一四年的天馬牧場河馬「阿河」在運送過程因摔出車外重傷而亡，才讓展演動物缺乏動保法保障的問題被顯現出來，在社會輿論下，雖然讓立法院加快修法，於二〇一五年通過修正條文將展演動物納入規範，但卻將「展演動物業」定義為「以娛樂為目的，在營業場所以動物供展演及騎乘之業者」，所以在動保法的母法定義下只有騎乘與展演同時發生的動物才有保護，當年被戲稱僅有馬場可以受到規範，其餘利用動物進行表演與展示的業者與場所仍然不受限。其實「展演動物」問題一直是台灣動物社會研究會與許多動保團體努力的方向，所以這樣的結果雖然令人遺憾，卻也沒停止努力，終在二〇一八年成功通過修法，讓「展演動物」定義更加完善，加強業者對動物的責任，並且需要定期申報展演動物相關資訊。

台灣近代的許多關於動物福利的革新與實踐，都看得到台灣動物社會研究會的身影，不僅是經濟動物與展演動物，關於人為飼養的野生動物也是研究會積極探討的主題，針對〈野生動物保育法〉當中的弊端也努力揭露，例如：

一、全台登記飼養的野生動物數量與實際飼養數量不符。

二、保育類野生動物的屍體在黑市有一定價值，可能會造成飼主利用登記作業的漏洞，在動物死亡後用下一隻遞補，結果是一隻動物可以萬年不死。

三、違法不當繁殖後的動物，因為罰金過輕，繳交罰金後變為合法飼養，因此動物苦難永無終結。

四、死亡通報管制鬆散，並沒有解剖調查就結案，保育動物死因不明，屍體處理去向也不明。

五、飼養環境惡劣又窄小，欠缺野生動物應有的生存福利，動物終生都生不如死。

以上這些都是研究會經過將近十年的探訪與調查，所歸納出現行野保法當中的部分弊端，也反映出台灣當代的兩部關於動物的重要法規，先天體質就不佳，後天的執行能量也不到位，才需要有民間自發性的團體不斷的檢視與提出質疑，凝聚各界力量對政府施壓；更重要的是協助政府制定辦法，才能對這塊土地上的所有動物盡到善待及保護的心意，讓動物的生存品質不再因為人定義的價值而有所貶抑與忽視。

台灣動物社會研究會最大的願景是二、三十年後解散，以消滅「自己」為職志，這代表到那時候，台灣社會看待動物福利的態度已進入成熟階段，也是他們所有成員樂見的結果。

神話之島降臨——
馬祖列島燕鷗保護區

我常常好奇，那些天空的朋友飛出海以後是到哪裡去？於是我跟著他們來到一座奇特的島嶼，才知道原來天空的朋友也需要停下來歇息。島上有好多大大小小不同花色的朋友飛來繞去，還有他們的小孩也依賴著這座島嶼，這麼神奇的地方我要替他們好好保守祕密。

神話之島

神話之島「黑嘴端鳳頭燕鷗」曾經銷聲匿跡六十多年，生態界原本普遍已認定他們就此絕種，直到二〇〇〇年台灣生態攝影師梁皆得於馬祖列島再次拍攝記錄到他們的蹤影，他們謎樣的神話才再度被揭開面紗，而台灣西北方的馬祖列島也成為令人神往之地。

第二十章

二〇〇〇年（民國八九年）

神話之鳥降臨——馬祖列島燕鷗保護區

台灣經常被國際間的觀光旅客喻為美食王國，長期以來政府對外的國際旅遊宣傳也主打文化與美食之旅，連台灣諸多影視節目也以介紹在地特色美食小吃為大宗，卻較忽略台灣在生態觀光的潛力，甚至多數台灣人可能也不知道台灣是貨真價實的「賞鳥王國」。

台灣因為四面環海並且有黑潮流經，加上地形氣候變化多樣，因而具備多種天然環境來滿足各種鳥類棲息繁衍的條件。到二〇二〇年為止，在台灣有發現紀錄的鳥類，就有八十七科，六百七十四種之多，鳥類蹤跡廣布高山到海岸，其中包含二十九種台灣特有種鳥類，多年來吸引國外許多生物觀察領域的人士前來駐足探訪。另外每年飛抵台灣的冬候鳥與夏候鳥當中也不乏國際知名的鳥類，像是屬於冬候鳥的黑面琵鷺就是其一，而夏候鳥裡更是有一種被喻為「神話之鳥」的黑嘴端鳳頭燕鷗，隱身於台灣西北方的馬祖列島六十多年之久，直到二〇〇〇年才再度被人發現。

黑嘴端鳳頭燕鷗是鷗科鳥類中最稀少的一種，在鳥類紅皮書中被列為「極具瀕臨絕種危險」，一八六三年被發現命名之後就僅有五筆發現紀錄，上次最後的一筆紀錄是一九三七年在山東省青島被發現，之後六十多年的時光中就此銷聲匿跡，因此學界一度以為此種鳥類已經絕種。

早期關於黑嘴端鳳頭燕鷗的行蹤與生存方式一直是令學界費解的謎，因此才被喻為「神話之鳥」。直到二〇〇〇年，經由台灣生態攝影家梁皆得在馬祖拍攝生態紀錄片時再次被意外發現，當年共發現四對黑嘴端鳳頭燕鷗，每一對都繁殖出一隻幼鳥，這不只是再度發現黑嘴端鳳頭燕鷗的重要紀錄，也是首次記錄到他們繁殖行為的難得收穫，而馬祖列島便成為黑嘴端鳳頭燕鷗目前所知在世上重要的繁殖地之一，當年所發現的十二隻黑嘴端鳳頭燕鷗，更被視為在世界上僅存的族群。

這項驚人的發現曾經使得馬祖列島躍上國際，成為世界上鳥類觀察與生物學界的焦點，因此隔年便吸引許多相關的專家學者遠道而來，就是希望能在馬祖親眼一見這神話之鳥的風采。當年為了推廣生態保育並教育馬祖當地居民認識島上自然生態，馬祖野鳥學會在民國九十年舉辦連江縣縣鳥票選活動，最後由「黑嘴端鳳頭燕鷗」獲得六成得票率，高票當選連江縣縣鳥。

神話之鳥六十多年後再度被發現，或許跟馬祖的地理位置與歷史因素有關。馬祖列島位於台灣西北方鄰近福建省閩江口及連江口，列島由三十六座花崗岩構成的島嶼所組成，大部分的島嶼面積狹小，地形崎嶇也沒有淡水，所以不適合人類居住。早年馬祖列島曾經是戰地，島上建設以軍事用途為主，所以戰備時期的馬祖有許多無人島經常被當作軍事演習時練習射擊的目標，因此這些原本海鳥們用來繁殖或棲息的無人島，在軍事活動的干擾下帶來了不安與死亡威脅，已有多年不曾再見到海鳥群的蹤影。後來隨著台灣海峽戰爭局勢的緩和，馬祖逐漸解除了戰地的警戒狀態，才使得這些無人島又恢復往常的平靜。

由於馬祖列島所在位置有暖寒海流相匯，孕育出豐饒的魚場，在軍事侵擾減少後，每年夏天再度吸引眾多燕鷗前來，利用這些無人島的優勢繁衍下一代，多種燕鷗此起彼落的叫聲，讓春夏季之間的無人島熱鬧非凡，成為亞熱帶島嶼中的海鳥樂園。

隨著戰地管制解除，農委會積極輔導連江縣政府進行相關的自然資源調查與研究，接連完成植物及鳥類的調查工作，其中鳥類紀錄已多達兩百五十多種，調查過程中也發現，每年夏天馬祖的一些無人島都會吸引大批的鷗科鳥類前來島上棲息。於是從二〇〇〇年起，正式將三十六座馬祖列島中的八座無人島礁，劃為國家第十二處野生動物保護區，成立「馬祖列島燕鷗保護區」，因此委託生態攝影師梁皆得拍攝記錄這些島嶼生態，當時在大鳳頭燕鷗的群體裡竟然意外發現，自一九三七年以來被公認已經絕種的「神話之鳥」黑嘴端鳳頭燕鷗的蹤跡，不僅透過清楚的影像再度證明他們的存在，更首次拍攝到他們照顧幼鳥的過程。

黑嘴端鳳頭燕鷗也稱作中華鳳頭燕鷗或黑嘴鳳頭燕鷗，外型特徵與大鳳頭燕鷗極為相似，皆有明顯的黑色鳳頭羽冠，只有體型比大鳳頭燕鷗略小，身體與翅膀背部羽色略淺；最大的差別是橘黃色的嘴喙末端三分之一或二分之一段為黑色，也是黑嘴端鳳頭燕鷗最好辨識的特徵。

自從二〇〇〇年再次發現至今，已知的繁殖地有三處，分別是台灣馬祖列島燕鷗保護區、中國舟山五峙山列島鳥類保護區，以及中國象山韭山列島自然保護區。即便比當年發現的繁殖地多了兩處，但是全世界的數量仍然不到百隻。

黑嘴端鳳頭燕鷗在台灣屬於夏候鳥，每年約五月中旬抵達馬祖的燕鷗保護區，大約八月底初秋時，成鳥與當年孵育的新生鳥皆會離開。每年五月到六月中旬是他們尋找適合地點下蛋育雛的時間，並且時常見到黑嘴端鳳頭燕鷗隨著大鳳頭燕鷗選擇繁殖的島嶼，也會混群在上千隻大鳳頭燕鷗群裡一起繁殖。目前對這樣混群繁殖的方式原因為何並不確定，在觀察到的紀錄中每一對黑嘴端鳳頭燕鷗一巢僅產一顆蛋，所以每隻孵出的幼雛都極其珍貴，因為他們目前稀少的數量以及與大鳳頭燕鷗混群繁殖的行為，使他們依然保持著「神話之鳥」的地位。

自從連江縣成立「馬祖列島燕鷗保護區」以來，受到保護的鳥類除了黑嘴端鳳頭燕鷗外，主要還有白眉燕鷗、紅燕鷗、蒼燕鷗、鳳頭燕鷗、黑尾鷗、岩鷺、叉尾雨燕等七種鳥類，都是以這些島嶼作為繁殖地區的品種。其中白眉燕鷗、蒼燕鷗為保育類鳥類，鳳頭燕鷗數量更是全國之冠，也是黑尾鷗在台灣唯一發現繁殖紀錄的地區。足以顯現馬祖列島燕鷗保護區的重要與價值，不僅附近魚場豐饒適合燕鷗育雛，海上孤立的無人島也大大降低掠食者或其他動物的侵入機會，夏季的西南氣流所帶來的強陣風，也能幫助新生幼鳥練習振翅飛翔的本領，為他們在夏末秋初時，能隨著鳥爸媽們的腳步飛往下一個地點做準備。

保護區每年吸引著大批燕鷗回來島上繁殖，數量也有增加趨勢，全仰賴保護區在維護上的嚴謹態度。保護區分為「核心區」與「緩衝區」，島礁陸域部分被劃為核心區，全年嚴禁民眾攀登或進入，只限學術研究或自然教育申請才能登上。保護區島礁低潮線向海延伸一百公尺內的海域為緩衝區，區內嚴禁按鳴喇叭、放鞭炮或煙火、餵飼海鳥或其他干擾海鳥的行為，以預防馬祖因觀光所帶來的人為干擾。

無論是乘坐賞鷗船的遊客或是出海捕魚的漁民，每年的燕鷗繁殖季都必須遵守相關規範，在緩衝區外與核心區島嶼保持距離。有政府的規則保護以及業者與民眾的自律遵守，才能讓這樣稀少的海島生態持續運作，海鳥們能夠每年返回這裡安心養育下一代。每年四到九月是馬祖賞燕鷗的最佳季節，有機會不妨準備好你的望遠鏡，出海探訪這些世界級的稀有嬌客，來一場「國際級」的旅遊吧！

REO0022

水獺與朋友們記得的事（上）

作　者—池边金勝
資深主編—謝鑫佑
校　對—謝鑫佑　吳如惠　池边金勝
行銷企劃—藍秋惠
美術設計—蔡南昇　金彥良

總　編　輯—胡金倫
董　事　長—趙政岷
出　版　者—時報文化出版企業股份有限公司
一〇八〇一九台北市和平西路三段二四〇號四樓
發行專線—（〇二）二三〇六六八四二
讀者服務專線—〇八〇〇二三一七〇五
（〇二）二三〇四七一〇三
讀者服務傳真—（〇二）二三〇四六八五八
郵撥—一九三四四七二四時報文化出版公司
信箱—一〇八九九台北華江橋郵局第九九信箱

時報悅讀網—http://www.readingtimes.com.tw
文化線粉專—https://www.facebook.com/culturalcastle/
法律顧問—理律法律事務所　陳長文律師、李念祖律師
印　刷—金漾印刷有限公司
初版一刷—二〇二一年三月十二日
定　價—新台幣三八〇元
（缺頁或破損的書，請寄回更換）

時報文化出版公司成立於一九七五年，
一九九九年股票上櫃公開發行，二〇〇八年脫離中時集團非屬旺中，
以「尊重智慧與創意的文化事業」為信念。

水獺與朋友們記得的事 / 池边金勝著 , 繪 .- 初版 .- 臺北市 : 時報文化 ,2021.03
160 面；14.8X21X0.93 公分
ISBN 978-957-13-8647-8(上冊 , 平裝)

1. 野生動物 2. 自然保育 3. 臺灣

385.33　　110001715

ISBN 978-957-13-8647-8
Printed in Taiwan